中国高等教育"十二五"规划教材

Adobe

中文版

Photoshop CS6

艺术
设计

实训案例教程

李洁　王长征　汤少哲　孙冠东 / 主编

中国青年出版社
CHINA YOUTH PRESS

中青雄狮

图书在版编目（CIP）数据

中文版 Photoshop CS6 艺术设计实训案例教程 / 李洁等主编 .
— 北京：中国青年出版社，2013.10
ISBN 978-7-5153-1926-1
I.①中… II.①李… III.①图像处理软件 — 教材
IV.①TP391.41
中国版本图书馆 CIP 数据核字（2013）第 223535 号

中国高等教育"十二五"规划教材

中文版Photoshop CS6艺术设计实训案例教程

李洁　王长征　汤少哲　孙冠东　**主编**

出版发行： 中国青年出版社
地　　址：北京市东四十二条 21 号
邮政编码：100708
电　　话：（010）59521188 / 59521189
传　　真：（010）59521111
企　　划：北京中青雄狮数码传媒科技有限公司

策划编辑：张　鹏
责任编辑：刘稚清　柳　琪
助理编辑：乔　崤
封面设计：六面体书籍设计　彭　涛　孙素锦

印　　刷：北京时尚印佳彩色印刷有限公司
开　　本：787×1092　　1/16
印　　张：16
版　　次：2014 年 1 月北京第 1 版
印　　次：2015 年 7 月第 3 次印刷
书　　号：ISBN 978-7-5153-1926-1
定　　价：49.80 元(附赠 1DVD，含视频教学)

PREFACE

中文版
Photoshop CS6
艺术设计实训案例教程
前 言

随着计算机软件技术的迅猛发展，与之相关的图书也层出不穷，但由于受传统出版思路和教学方法的影响，市面上相当一部分图书都存在理论讲解与实际应用无法完全融合的尴尬，使得读者在学习过程中会感到知识的不连贯性，表现为学习完理论知识后，实际操作软件时会遇到不知如何下手的困惑。基于此，我们考虑以知识改革为核心，在图书的内容和结构上做一些突破，运用比较成熟的案例教学方法，策划出版一批真正能让读者所学即所用的实战案例型图书，从而使每一位读者都能达到一定的职业技能水平。

首先，感谢读者选择并阅读本书。

本书以平面设计软件Photoshop CS6为平台，向读者全面阐述了平面设计中常见的操作方法与设计要领。本书从软件基础讲起，循序渐进地对软件功能进行全面论述，让读者充分熟悉软件的各大功能。同时，结合各领域的实际应用，进行案例展示和制作，并对行业相关知识进行了深度剖析，以辅助读者完成各项平面设计工作。正所谓"授人以渔"，学完本书后，读者不仅可以掌握这款平面设计软件，还能利用它独立完成平面作品。

软件简介

提到Photoshop，也许大家并不陌生。这主要是因为，在日常生活和工作中，只要涉及到图片处理都会在第一时间想到它。现如今，我们又迎来了新的版本—— Adobe Photoshop CS6。它是集图像扫描、编辑修改、动画制作、图像制作、广告创意，图像输入与输出于一体的图形图像处理软件，深受广大平面设计人员和电脑美术爱好者的喜爱。 Photoshop CS6正式发布后，我们可以发现，该版本整合了Adobe专有的Mercury图像引擎，通过显卡核心GPU提供了强悍的图片编辑能力。同时，Content-Aware Patch可以帮助用户更加轻松方便地选取区域，便于用户执行抠图等操作。Blur Gallery允许用户在图片和文件内容上进行渲染模糊特效操作。Intuitive Video Creation提供了一种全新的视频操作体验。

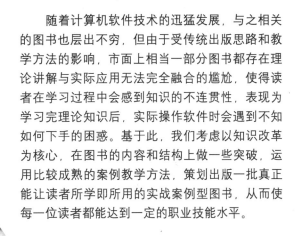

本书内容概述

赠送超值光盘

为了帮助读者更加直观地学习本书,特在随书光盘中附赠了如下学习资料。

- 书中全部实例的素材文件,方便读者高效学习。
- 语音教学视频,手把手教你学,扫除初学者对新软件的陌生感。
- 海量设计素材,即插即用,可极大提高工作效率,真正做到物超所值。
- 赠送大量设计模板,以供读者练习使用。

适用读者群体

本书是引导读者轻松快速掌握Photoshop CS6的最佳途径。它非常适合以下群体阅读。

- 各高等院校刚刚接触Photoshop CS6的莘莘学子。
- 各大中专院校相关专业及Photoshop培训班学员。
- 平面设计和广告设计初学者。
- 从事艺术设计工作的初级设计师。
- 对Photoshop平面设计感兴趣的读者。

本书由艺术设计专业的一线教师编写,全书在介绍理论知识的过程中,不但穿插了大量的图片进行佐证,还辅以课堂实训作为练习,从而能够加深读者的学习印象。由于编者能力有限,书中不足之处在所难免,敬请广大读者批评指正。

编 者

中文版
Photoshop CS6
艺术设计实训案例教程
目 录

CONTENTS

Part 01 基础知识篇

Chapter **01** 初识 Photoshop CS6

Chapter 02 选区与路径的应用

Chapter 03 图层的应用

Chapter 04 文本的应用

蓁短碧翠，交叉错落着一幅美丽的诗篇

Chapter 05 图像色彩的调整

Chapter 06 图像的绘制与修饰

目录

Chapter 07 通道与蒙版

Chapter 08 滤镜的应用

Chapter **09** 动作与自动化

Part 02　综合案例篇

Chapter **10** 企业 LOGO 设计

Chapter **11** 户外广告设计

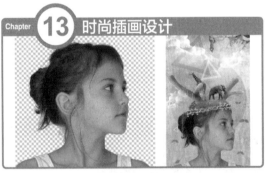

01

基础知识篇

基础知识篇共包含9章，其中对Photoshop CS6各知识点的概念及应用进行了详细介绍，熟练掌握这些理论知识后，将为后期的综合应用奠定良好的学习基础。

本章概述

Photoshop是Adobe公司旗下最为出名的图像处理软件之一。多数人对于Photoshop的了解仅限于"一个很好的图像编辑软件",并不知道它的诸多应用。实际上Photoshop在图像、图形、文字、视频和出版等多方面都有应用。在正式学习Photoshop CS6之前,首先来对这个软件做一个初步的认识。

核心知识点

❶ 了解Photoshop CS6的应用领域及工作界面

❷ 熟悉Photoshop CS6中文件的新建、打开、关闭和存储等基本操作

❸ 掌握Photoshop CS6中图像的缩放、图像窗口的调整、屏幕模式的切换等操作

1.1 Photoshop CS6 概述

Adobe Photoshop CS6是Adobe公司历史上最大规模的一次产品升级,它是集图像扫描、编辑修改、动画制作、图像制作、广告创意、图像输入与输出于一体的图形图像处理软件,深受广大平面设计人员和电脑美术爱好者的喜爱。

1.1.1 Photoshop的应用领域

Photoshop的应用领域很广泛,在平面广告设计、商业广告摄影、影楼艺术照处理、网站设计、包装设计和插画设计等行业中都能看到它的踪迹,Photoshop在很大程度上满足了人们对视觉艺术高层次的追求。

1. 平面设计

平面设计是Photoshop应用最广泛的领域,无论是我们阅读的图书封面,还是大街上看到的招贴海报,小到DM单,大到大型的户外广告,基本上都需要使用Photoshop软件来进行编辑处理,如下图所示。

2. 包装设计

包装作为产品的第一形象最先展现在顾客眼前,被称为"无声的销售员"。顾客被产品包装吸引并进行查阅后,才决定是否购买,可见包装设计是非常重要的。

不同产品的包装方向和需求是不同的。使用Photoshop的绘图功能,不仅可以设计企业的VI系统,还能赋予产品不同的质感效果,凸显产品形象,从而达到吸引顾客的目的,如下图所示。

3. 插画设计

现在越来越多的人开始利用电脑图形设计工具来创作插图。创作者凭借Photoshop良好的绘画及调色功能，不仅能得到逼真的传统绘画效果，还可制作出一般画笔无法实现的特殊效果，让图像真正达到"只有想不到，没有做不到"的境界，如下图所示。

4. 网页制作

网络的普及提高了人们对网页审美的要求，不管是网站首页的建设还是链接界面的设计，或是图标的设计和制作，都可以借助Photoshop这个强大的工具来处理照片、合成图像以及表现质感，让网站的色彩和质感表现得更为到位，更具独特性。Photoshop也使得网站的设计与制作更为灵活，如下图所示。

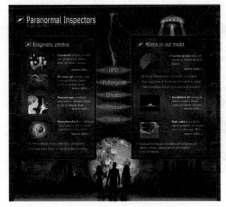

5. 艺术文字

利用Photoshop可以使文字发生各种各样的变化。这些艺术化处理后的文字可以为图像增加效果。利用Photoshop对文字进行创意设计，可以使文字变得更加美观、个性极强，大大加强文字的感染力，如下图所示。

6. 艺术创意

实现创作者的创意是Photoshop的特长，通过Photoshop可以将不同的对象组合在一起，也可以使用"狸猫换太子"的手段使图像发生巨大的变化，如下图所示。

7. 图片处理

Photoshop具有强大的图像修饰修复功能。利用这些功能，可以快速修复一张破损的老照片，也可以修复人脸上的斑点等缺陷。随着数码电子产品的普及，图形图像处理技术被越来越多地应用在美化照片和修复已经损毁的图片等方面，如下图所示。

1.1.2 基础知识讲解

在开始学习使用Photoshop进行图像处理的相关知识和技术之前，应适当了解一些与图像处理技术息息相关的常用术语，以帮助用户更好地理解其技术原理。

1. 位图

位图图像（bitmap），亦称为点阵图像或栅格图，是由称作像素（图片元素）的单个点组成的，这些点有着自己的颜色信息并构成图样。位图的图像质量取决于单位面积中像素点的多少，每平方英寸中所含像素越多，图像越清晰，颜色之间的混和也越平滑。当放大位图时，可以看见构成整个图像的无数单个方块，即像素。扩大位图尺寸实际上是扩大单个像素，正因为在处理位图图像时，被编辑的是像素而不是整体对象，所以在对图像进行拉伸、放大或缩小等处理时，其清晰度和光滑度会受到影响，甚至出现马赛克效果，如下图所示。

 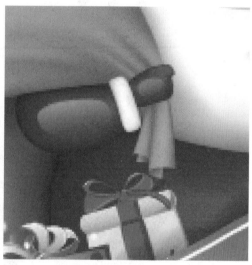

2. 矢量图

矢量图是根据几何特性来绘制图形。它的特点是放大后图像不会失真，文件占用空间较小，适用于图形设计、文字设计、标志设计和版式设计等。矢量图可以在维持它原有清晰度和弯曲度的同时，多次移动和改变它的属性，而不影响图例中的其他对象。这些特征使基于矢量的程序特别适用于图例和三维建模，因为它们通常要求能创建和操作单个对象。矢量图最大的缺点是难以表现色彩层次丰富的逼真图像效果。

矢量图与位图最大的区别是矢量图不受分辨率影响，在印刷时可以任意放大或缩小图形而不影响出图的清晰度，如下图所示。

3. 像素

像素（Pixel）在英文中是由 Picture（图像）和 Element（元素）这两个单词组成的，是一种用来计算数码影像的虚拟单位，如同摄影的照片一样，数码影像也具有连续性的浓淡阶调，我们若把影像放大数倍，会发现这些连续色调其实是由许多色彩相近的小方点组成的，这些小方点就是构成影像的最小单位——像素，在屏幕上显示为单个染色点，像素组成的图像就是前面讲过的位图，如下图所示。

4. 分辨率

分辨率（Resolution）是衡量图像细节表现力的技术参数。这里我们讲讲图像分辨率。图像分辨率就是图像上每英寸包含的像素数量，单位为像素/英寸，它关系到图像的清晰度。一定面积内显示的像素越多，画面就越精细。图片的分辨率和尺寸一起决定文件的大小和输出质量。也就是说，相同尺寸的图像文件，分辨率越高，清晰度也就越高。而文件的大小与其分辨率的平方成正比。

 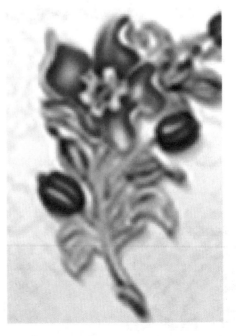

5. 色彩深度

色彩深度（Depth of Color）又叫色彩位数，它用来表示数码相机的色彩分辨能力，是指在一个图像中颜色的数量。对于数码相机来讲，其色彩位数越多，意味着可捕获的细节数量也越多。

色彩深度也指扫描仪所能辨析的色彩范围。目前有18位、24位、30位、36位、42位和48位等多种。色彩位数越高，扫描仪越具有提高扫描效果还原度的潜力。但并不是色彩位数越高，扫描效果就越好。首先要考虑色彩位数的来源，扫描仪的色彩位数和色彩还原效果取决于如下的几个方面：感光元件的质量，数模转换器的位数，色彩校正技术的优劣，扫描仪的色彩输出位数。

6. 常见色彩模式

在Photoshop中，记录图像颜色的方式就是色彩模式。Photoshop为用户提供了9 种色彩模式：RGB模式、CMYK模式、Lab颜色模式、HSB模式、位图模式、灰度模式、索引颜色模式、双色调模式和多通道模式。下面分别介绍几种常用的色彩模式。

（1）RGB模式

RGB模式是基于自然界中三种基色光的混合原理，将红（R）、绿（G）和蓝（B）三种基色按照从0（黑）到255（白色）的亮度值在每个色阶中分配，从而指定色彩，如下左图所示。新建的Photoshop图像的默认色彩模式为RGB模式，计算机显示器使用RGB模型显示颜色。尽管RGB模式是标准色彩模式，但是所表示的实际颜色范围仍因应用程序或显示设备不同而略有不同。

（2）CMYK模式

CMYK模式是一种印刷模式，其中四个字母分别指青（Cyan）、洋红（Magenta）、黄（Yellow）、黑（Black），如下右图所示，在印刷中代表四种颜色的油墨。CMYK模式与RGB模式产生色彩的原理不同。在RGB模式中，由光源发出的色光混合生成颜色，而在CMYK模式中，则由光线照到有不同比例青色、洋红色、黄色和黑色油墨的纸上，部分光谱被吸收后，反射到人眼的光产生的颜色。由于C、M、Y、K在混合成色时，随着C、M、Y、K四种成分的增多，反射到人眼的光会越来越少，光线的亮度会越来越低，所以CMYK模式产生颜色的方法又被称为色光减色法。

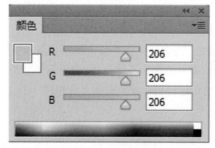
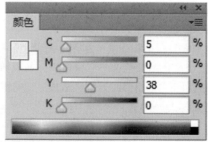

（3）Lab模式

Lab模式解决了由不同显示器和打印设备造成的颜色差异，也就是说这种色彩模式不依赖于设备。Lab模式是以一个亮度分量L及两个颜色分量a和b来表示颜色的，a代表由绿色到红色的光谱变化，b代表由蓝色到黄色的光谱变化，如下图所示。Lab模式所包含的颜色范围最广，能够包含所有的RGB和CMYK模式中的颜色。

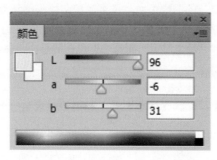

（4）HSB模式

HSB模式是基于人体视觉系统的色彩模式。在此模式中，所有的颜色都用色相或色调、饱和度以及亮度三个特性来描述，如下图所示。

- 色相（H）是指人眼能看到的纯色，不同波长的可见光具有不同的颜色。非彩色（黑、白、灰色）不存在色相属性；所有色彩（红、橙、黄、绿、青、蓝、紫等）都是表示颜色外貌的属性。有时色相也称为色调。
- 饱和度（S）指颜色的强度或纯度，表示色相中灰色成分所占的比例，用0%~100%（纯色）来表示。
- 亮度（B）是颜色的相对明暗程度，通常用0%（黑）~100%（白）来度量。

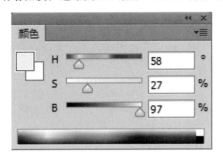

（5）位图模式

位图模式用两种颜色（黑和白）来表示图像中的像素。用位图模式来表示的图像也叫作黑白图像。由于位图模式只用黑白色来表示图像的像素，在将图像转换为位图模式时会丢失大量细节，因此Photoshop提供了几种算法来模拟图像中丢失的细节。在宽度、高度和分辨率相同的情况下，位图模式的图像尺寸最小，约为灰度模式的1/7和RGB模式的1/22以下。

（6）灰度模式

灰度模式可以使用多达256级灰度来表现图像，使图像的过渡更平滑细腻。灰度图像的每个像素有一个0（黑色）到255（白色）之间的亮度值。灰度值也可以用黑色油墨覆盖的百分比来表示（0%等于白色，100%等于黑色）。

（7）索引颜色模式

索引颜色模式是网上和动画中常用的图像色彩模式，当彩色图像转换为索引颜色图像后，将包含近256种颜色。索引颜色图像包含一个颜色表。如果原图像中的颜色不能用这256种颜色表现，Photoshop则会从可使用的颜色中选出最相近颜色来模拟这些颜色，这样可以减小图像文件的尺寸。

7. 常用文件格式

在储存图像时，用户可以根据需要选择不同的文件格式，例如PSD、BMP、JPEG、GIF和PNG等。

（1）PSD格式

PSD格式是Photoshop软件的专用格式，支持网络、通道、路径、剪贴路径和图层等所有Photoshop的功能，还支持Photoshop使用的任何颜色深度和图像模式。PSD格式采用的是RLE无损压缩，在Photoshop中存储和打开此格式的文件也是较快速的。

（2）JPEG格式

JPEG格式是目前网络上最流行的图像格式，是可以把文件压缩到最小的格式。JPEG格式很灵活，具有调节图像质量的功能，允许用不同的压缩比例对文件进行压缩，支持多种压缩级别，压缩比率通常在10:1到40:1之间，压缩比越大，品质就越低；相反地，压缩比越小，品质就越好。

（3）PNG格式

PNG格式是Netscape公司开发出来的一种文件格式，可用于网络图像。不同于GIF格式的是，PNG格式可以保存24位的真彩色图像，并且支持透明背景和消除锯齿边缘的功能，可以在不失真的情况下压缩保存图像。

（4）BMP格式

这种格式也是Photoshop最常用的点阵图格式，此种格式的文件几乎不压缩，占用磁盘空间较大，存储深度可以为1位、4位、8位、24位等，支持RGB、索引、灰度和位图色彩模式，但不支持Alpha通道。由于BMP文件格式是Windows环境中交换与图有关数据的一种标准，因此在Windows环境中运行的图形图像软件都支持BMP图像格式。在Photoshop中将图像保存为BMP格式时，会弹出"BMP选项"对话框，如下图所示。

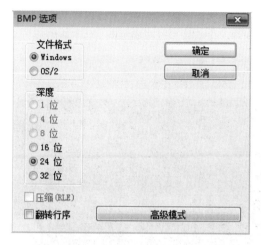

（5）GIF格式

GIF分为静态GIF和动画GIF两种，扩展名为.gif，它支持透明背景图像，适用于多种操作系统，"体型"很小，网上很多小动画都是GIF格式。其实GIF格式是将多幅图像保存为一个图像文件，从而形成动画效果，不过归根到底，GIF仍然是图片文件格式，但GIF格式只能显示256色。在Photoshop中将图像保存为GIF格式时，会弹出"索引颜色"对话框，如下图所示。

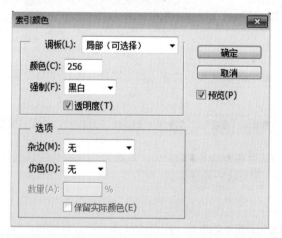

（6）PDF格式

PDF格式是Adobe公司开发的，用于Windows、Mac OSX和DOS系统的一种电子出版软件的文档格式，适用于不同的平台。该格式基于PostScript Level 2语言，可以覆盖矢量图像和位图图像，并且支持超链接。PDF文件是由Adobe Acrobat软件生成的文件，该格式的文件可以存储多页信息，其中包括图形、文件的查找和导航功能，是网络下载经常使用的文件格式。

（7）TIFF格式

TIFF格式支持位图、灰度模式、索引模式、RGB模式、CMYK模式和Lab模式等色彩模式。TIFF是跨平台的图像格式，既可在Windows系统，又可在Mac OSX系统中打开和存储。它被页面布局程序广泛地接受，常用于出版和印刷业中。

1.2 Photoshop CS6的工作界面

用户要想得心应手地运用Photoshop CS6进行图像处理，首先应对其工作界面、工具箱以及面板等构成要素有一定了解。

1.2.1 认识Photoshop CS6的工作界面

启动Photoshop CS6，打开一个图像文件，进入其工作界面。Photoshop CS6的工作界面主要包括菜单栏、工具箱、属性栏、浮动面板、编辑窗口以及状态栏，如下图所示。

1. 菜单栏

菜单栏由"文件"、"编辑"、"图像"、"文字"和"选择"等11个菜单组成，几乎包含操作时要使用的所有命令，如下图所示。

Ps　文件(F)　编辑(E)　图像(I)　图层(L)　文字(Y)　选择(S)　滤镜(T)　3D(D)　视图(V)　窗口(W)　帮助(H)

在菜单中，用光标指向后面带有图标▶的命令，此时将显示相应的级联菜单，在级联菜单中进行选择，单击要执行的级联命令，即可执行此命令。

2. 工具箱

默认情况下，工具箱位于工作区的左侧，单击工具箱中的工具图标，即可调用该工具。部分工具图标的右下角带有一个黑色小三角形图标，表示为一个工具组。在此按钮上单击鼠标右键或按住鼠标左键不放，即可显示工具组中的所有工具。

3. 属性栏

属性栏通常位于菜单栏的下方，它是各种工具的参数控制中心。选择工具不同，属性栏提供的选项也有所不同。下图所示为矩形选框工具的属性栏。

> **提示** 在使用某种工具前，先要在属性栏中设置其参数。执行"窗口>选项"命令，可将属性栏隐藏或显示。

4. 状态栏

状态栏位于图像窗口的底部，用于显示当前的操作提示和当前文档的相关信息。用户可根据需要选择在状态栏中显示的信息，单击状态栏右端的▶按钮，在弹出的扩展菜单中执行命令即可，如下左图所示。

5. 工作区和图像编辑窗口

在Photoshop CS6的工作界面中，灰色的区域就是工作区，图像编辑窗口在工作区内。图像编辑窗口的顶部为标题栏，标题栏中可显示各文件的名称、格式、大小、显示比例和颜色模式等，如下右图所示。

 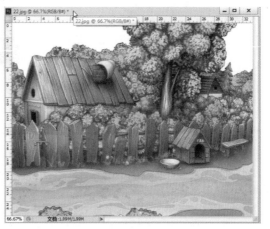

6. 面板组

面板组浮动在窗口的上方，可以随时切换以访问不同的面板内容。它们主要用于配合图像的编辑，对操作进行控制和设置参数。常见的面板有"图层"面板、"通道"面板、"路径"面板、"历史"面板和"颜色"面板等。右击面板标签，还能打开面板相应的快捷菜单来进行操作。

1.2.2 认识面板并调整面板

面板是Photoshop CS6中非常重要的辅助工具，它汇集了图像处理中常用的命令和功能，包括查看图像中的任意选区、查看图像信息、使用辅助工具以及使用历史工具等。

1. 打开面板

在"窗口"菜单中可以选择面板名称打开相应的面板，从而对图像进行编辑。例如执行"窗口> 信息"命令即可打开"信息"面板，随着"信息"面时板同出现的还有"属性"面板，说明软件会自动将一些功能相近或相似的面板进行编组，以便用户对图像进行编辑，提高工作效率，如下图所示。

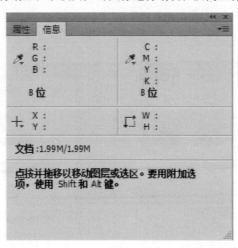

2. 调整面板

通常，Photoshop会显示三组面板，每组又包含2个~3个面板，如下图所示。其中，每一个面板组中的第一个面板为默认的当前可操作面板，单击相应的面板标签可切换到当前面板，单击面板右上角的关闭按钮×可关闭该面板组。这些面板也可根据需要进行个性定制，让界面看上去更加整洁，操作更加方便。

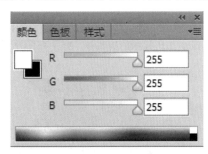
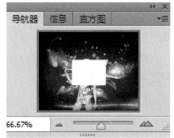

当光标停放在某一面板的标签上时，按住鼠标左键不放并将其拖动至工作界面的空白处时释放鼠标，可将该面板单独拆分出来；若将其拖动到其他面板的标签处释放，则可将其合并到其他面板组中，并且面板在移动过程中有自动对齐其他面板的功能。

双击面板名称可以折叠或展开该面板。每个面板的右上角都有一个三角图标▼≡，单击可以打开面板扩展菜单，从中选择需要的操作命令。

选择"窗口"菜单下的面板名称可以隐藏或显示该面板。按Tab键可切换显示或隐藏所有的控制面板（包括工具箱），如果按组合键Shift+Tab则只显示或隐藏其他控制面板，而工具箱有受影响。

1.3 Photoshop CS6中图像文件的基本操作

在编辑图像之前，需要对图像进行一些基本操作，如打开文件、关闭文件、新建文件和存储文件等，熟练掌握这些操作能为学习后面的知识奠定良好的基础。

1.3.1 打开和关闭文件

打开文件的方法有多种。首先打开Photoshop CS6，执行"文件>打开"命令，或按组合键Ctrl+O，弹出"打开"对话框，如下左图所示。在该对话框中选择图像文件，单击"打开"按钮即可。此外，还可以双击Photoshop CS6的灰色区域，在弹出的"打开"对话框中选择要打开的文件，单击"打开"按钮。

打开文件之后，可以对其进行关闭操作。关闭文件最常用的方法是单击图像窗口标题栏右侧的"关闭"按钮，如下右图所示。

1.3.2 新建文件

新建文件是指在Photoshop CS6中创建一个自定义尺寸、分辨率和颜色模式的图像窗口，在该图像窗口中可以绘制、编辑和保存图像等。

执行"文件>新建"命令，或者按组合键Ctrl+N，弹出"新建"对话框，如下图所示。从中可设置新文件的名称、尺寸、分辨率、颜色模式及背景内容等参数。设置完成后，单击"确定"按钮即可。

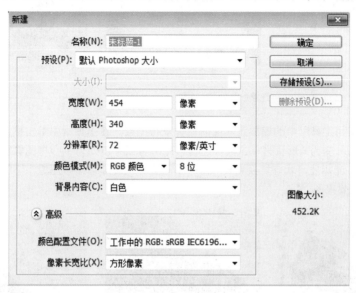

1.3.3 存储文件

存储文件是指在使用Photoshop CS6处理图像的过程中或处理完毕后对图像所作的保存操作。若不需要对当前文档的文件名、文件类型或存储位置进行修改，可直接执行"文件>存储"命令或者按组合键Ctrl+S即可。

若要将编辑后的图像文件以不同的文件名、文件类型或存储位置进行存储时，则应使用另存为的方法。即执行"文件>存储为"命令或者按组合键Ctrl+Shift+S，弹出"存储为"对话框，设置存储路径，重新输入文件名，在格式下拉列表框中选择文件格式，单击"保存"按钮即可。

1.4 Photoshop CS6中图像的基本操作

在对图像进行操作时，图像的初始大小未必始终都满足要求，可根据需要在操作过程中调整画布与图像尺寸。对图像文件进行调整和编辑等基本操作，包括图像的缩放、图像窗口的缩放、图像大小和画布大小的调整、图像的裁切以及图像的恢复操作等。

1.4.1 图像和图像窗口的缩放

图像的缩放是指在工作区中放大或缩小图像。在图像窗口脱离工作区顶部的情况下，按住并拖动文件窗口的边缘即可缩放图像窗口。

1. 图像的缩放

用户可根据需要对图像进行放大和缩小，以达到更好的浏览效果。执行"视图>放大"命令，或者按组合键Ctrl++，可以放大显示图像。反之，执行"视图>缩小"命令，或按组合键Ctrl+-，可以缩小显示图像。也可在状态栏的"显示比例"文本框中输入数值后按Enter键缩放图像。下图所示为缩放图像前后的对比效果图。

提示 连续按组合键Ctrl++或Ctrl+-，可连续放大或缩小图像。

另外，还可以使用工具箱中的缩放工具 🔍 对图像进行缩放。在工具箱中单击缩放工具 🔍，将光标移动到图像窗口中，当其变为 🔍 形状时单击鼠标左键，此时将以单击处为中心将图像放大显示。放大图像后按住Alt键可快速将光标显示状态切换到 🔍，此时单击鼠标左键即可缩小图像。下图所示的是使用缩放工具调整图像的对比效果图。

提示 在图像窗口中按住鼠标左键并拖动绘制出一个矩形选框，然后释放鼠标，可将所选区域放大至整个窗口显示。

2. 图像窗口的缩放

图像窗口的缩放与图像的缩放不同。其操作方法也很简单：将文件窗口从工作区顶部拖出，然后将光标移动到文件窗口右下角，当其变为 形状时按住鼠标左键并拖动，即可改变窗口大小。下图所示为缩放图像窗口前后的对比效果图。

1.4.2 图像尺寸的调整

调整图像大小是指在保留所有图像的情况下通过改变图像的比例来实现图像尺寸的调整。

1. 使用"图像大小"命令调整图像尺寸

图像质量的好坏与图像的大小、分辨率有很大的关系，分辨率越高，图像就越清晰，而图像文件所占用的空间也就越大。

执行"图像>图像大小"命令，弹出"图像大小"对话框，可对图像参数进行相应设置，然后单击"确定"按钮即可，如右图所示。

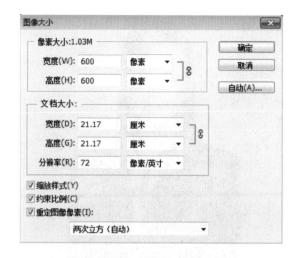

在上述对话框中，各参数选项含义介绍如下。

- **"像素大小"选项组**：用于改变图像在屏幕上的显示尺寸。
- **"文档大小"选项组**：用于设置文档的宽度、高度和分辨率，以确定图像的大小。
- **"缩放样式"复选框**：勾选该复选框后将按比例缩放图像中的图层样式效果。
- **"约束比例"复选框**：勾选该复选框后，在"宽度"和"高度"文本框后将出现"链接"标志，更改其中一项后，另一项将按原图像比例产生相应变化。
- **"重定图像像素"复选框**：勾选该复选框后将激活"像素大小"选项组中的参数，以改变像素大小，取消勾选该复选框，像素大小将不发生变化。

2. 使用"裁剪工具"调整图像尺寸

裁剪工具主要用来匹配画布尺寸与图像中对象的尺寸。裁剪图像是指使用"裁剪工具"将部分图像剪去，从而改变图像尺寸。

选择工具箱中的裁剪工具，在图像中拖曳得到矩形区域，这块区域的周围会变暗，显示出要被裁剪的区域。矩形区域的内部代表裁剪后图像保留的部分。裁剪框的周围有8个控制点，利用它可以把这个框进行移动、缩小、放大和旋转等调整操作。下图所示为裁剪前后的对比效果图。

自制证件照片

01 启动Photoshop CS6软件，打开光盘中的实例文件\01\实例1\1.JPEG文件，如下图所示。

03 弹出"裁剪图像大小和分辨率"对话框，设置参数（这里设置为一寸照片的尺寸大小），然后单击"确定"按钮，如右图所示。

04 此时，在素材图像中出现裁剪区域，如下图所示。

02 选择裁剪工具，在属性栏中的"不受约束"下拉列表中选择"大小和分辨率"选项，如下图所示。

05 调整图像位置，按Enter键即可完成裁剪，如下图所示。

照片规格	尺寸大小（单位：厘米）	照片规格	尺寸大小（单位：厘米）
1寸	2.5×3.5	7寸	17.8×12.7
身份证大头照	3.3×2.2	8寸	20.3×15.2
2寸	3.5×5.3	10寸	25.4×20.3
小2寸（护照）	4.8×3.3	12寸	30.5×20.3
5寸	12.7×8.9	15寸	38.1×25.4
6寸	15.2×10.2		

1.4.3 画布大小的调整

画布是显示、绘制和编辑图像的工作区域。调整画布尺寸可以在一定程度上影响图像尺寸的大小。放大画布时，会在图像四周增加空白区域，而不影响原有的图像；缩小画布时，会裁剪掉不需要的图像边缘。

执行"图像>画布大小"命令，弹出"画布大小"对话框，如下图所示。在该对话框中可以设置扩展画布的宽度和高度，并能对画布扩展区域进行定位。

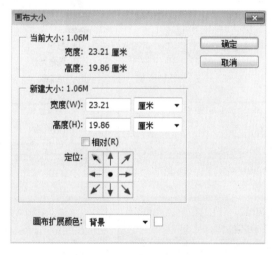

同时，在"画布扩展颜色"下拉列表中有"背景"、"前景"、"白色"、"黑色"、"灰色"等选项可供选择。设置好后只需单击"确定"按钮即可让图像的调整生效。画布向四周扩展的前后效果对比如下图所示。

1.4.4 图像的恢复操作

在处理图像的过程中，若对效果不满意或出现错误操作，可使用软件提供的恢复操作功能来处理这类问题。

1. 退出操作

退出操作是指在执行某些操作的过程中，完成该操作之前可中途退出该操作，从而取消当前操作对图像的影响。要退出操作只须在执行该操作时按Esc键即可。

2. 恢复到上一步操作

恢复到上一步是指图像恢复到上一步操作之前的状态，该步骤所做的更改将被全部撤销。其方法是执行"编辑>后退一步"命令，或按下组合键Alt+Ctrl+Z，如下左图所示。

3. 恢复到任意步操作

如果需要恢复的步骤较多，可执行"窗口>历史记录"命令，打开"历史记录"面板，在历史记录列表中找到需要恢复到的操作步骤，在要返回的相应步骤上单击鼠标即可，如下右图所示。

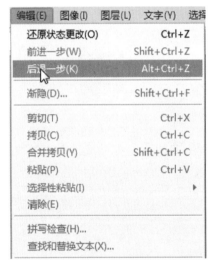

1.4.5 屏幕模式的切换

选择合适的屏幕模式可以方便用户预览效果图。在Photoshop CS6中，有三种屏幕模式：标准屏幕模式、带有菜单的全屏模式和全屏模式。按字母键"F"可以在三种模式之间进行切换，如下图所示。

- **标准屏幕模式**：编辑状态显示的效果。
- **带有菜单的全屏模式**：隐藏顶部及底部的文件信息。
- **全屏模式**：只显示图像文件。

提示 若切换到全屏模式后要退出全屏模式，只须按Esc键即可回到标准屏幕模式。

1.5 Photoshop CS6新增功能

为了更好地掌握Photoshop CS6，下面将着重对其新增功能进行介绍，包括内容感知移动工具的使用、修补工具的使用以及透视裁剪工具的应用等。

1.5.1 内容感知移动工具

使用内容感知移动工具可以选择移动图片的一部分，重新组合图像，留下的空洞则使用图片中的匹配元素填充。

用户可以在两个模式中使用内容感知移动工具。

● 使用移动模式将对象置于不同的位置（在背景相似时最有效）。

● 使用扩展模式扩展或收缩头发、树或建筑物等对象。若要完美地扩展建筑对象，请使用在平行平面（而不是以一定角度）拍摄的照片。

在工具栏中，选择内容感知移动工具，选择要移动或扩展的区域，将选区拖曳到需要放置对象的区域即可。下图所示为移动前后的对比效果图。

选择内容感知移动工具，在属性栏中显示该工具的相关参数属性，如下图所示。

其中，各主要选项含义如下。

● **模式**：使用移动模式将选定的对象置于不同的位置；使用扩展模式扩展或收缩对象。

● **适应**：可选择控制新区域反映现有图像模式的紧密程度。

● **对所有图层取样**：勾选此复选框可以使用所有图层的信息在选定的图层中创建移动的结果。

1.5.2 改进的内容识别修补工具

更新的修补工具可以移去图像中不需要的部分，通过合成邻近内容来无缝替换不需要的图像元素。

在工具栏中，选择修补工具，选择图像上要替换的区域，将选区拖曳到想要进行填充的区域即可。下图所示为修补前后对比效果图。

1.5.3 重新设计的裁剪工具

重新设计的裁剪工具提供了交互式预览，使用户可以获得更好的视觉效果。选择裁剪工具，裁剪边界将显示在图像边缘上，用户可以绘制新的裁剪区域或拖动角和边缘以指定图像中的裁剪边界。在属性栏中显示该工具的设置参数，如下图所示。

在"视图"下拉列表中我们可以选择裁剪区域的参考线，包括三等分、黄金分割、金色螺线等常用构图线。其右侧的齿轮按钮表示在该扩展菜单中我们可以进行一些功能设置，包括使用经典模式（CS6之前的剪裁工具模式）等。

取消勾选"删除裁剪的像素"复选框，对画面的裁剪可以是无损的。换句话说，当用户完成一次裁剪操作后，被裁剪掉的画面部分并没有被删除。可以随时改变裁剪范围，即使之前已经对照片做过其他编辑。

1.5.4 透视裁剪工具

透视裁剪工具允许用户在裁剪时变换图像的透视，尤其是处理包含梯形扭曲的图像时。例如当从一定角度而不是以平直视角拍摄对象时，会发生扭曲。

选择要校正的透视图像，选择透视裁剪工具，围绕扭曲的对象绘制选框，将选框的边缘和对象的矩形边缘匹配，按Enter键完成透视裁剪。下图所示为裁剪前后的对比效果图。

提示 任何变形都会导致画面的扭曲，所以变形的程度不能太大。当照片中有人物时尤其需要注意。

1.5.5 3D功能

简化的界面提供画布上场景编辑，可直观地创建3D图稿。可轻松将阴影拖动到所需位置，将3D对象制作成动画，为3D对象提供素描或卡通外观，以及其他更多功能。

3D功能增强是Photoshop CS6的最大看点，也是自2008年Photoshop CS4引入该功能以来变动幅度最大的一次，单是工具箱中就有三处：油漆桶工具组中新增"3D材质拖放工具"；吸管工具组中增加"3D材质吸管工具"；参数设置面板中的3D选项也多了起来，包括交互式渲染、交互式阴影质量以及坐标轴控制等。

1.5.6 光效库

使用新的64位光照效果画廊，可以获得更好的性能和结果。专用的工作区提供了画布控制和预览功能，可让您更轻松地实现照明增强可视化。

"光照效果"滤镜使用户可以在RGB图像上产生无数种光照效果，也可以使用灰度文件的纹理（称为凹凸图）产生类似3D效果，并存储自己的样式以在其他图像中使用。

> **提示** ▶ "光照效果"滤镜只对 RGB 图像有效，而且用户必须有能支持的显卡才能使用该功能。

1.5.7 视频

重新设计的基于剪辑的"时间轴"面板包含可提供完美的具有专业效果的视频过渡和特效。可轻松更改剪辑持续时间和速度，并将动态效果应用到文字、静态图像和智能对象中。

"视频组"可在单一时间轴轨道上将多个视频剪辑和其他内容（如文本、图像和形状）合并。单独的音轨可让用户轻松进行编辑和调整。

重新设计的视频引擎还支持更广泛的导入格式。在准备导出最终视频时，Photoshop会提供有用的预设和DPX、H.264以及QuickTime格式选项。

> **提示** ▶ 在Windows操作系统中，需要独立安装QuickTime。

1.5.8 图层增强功能

在"图层"面板的顶部，使用新的过滤选项可帮助用户快速地在复杂文档中找到关键层，显示基于名称、种类、效果、模式、属性或颜色标签的图层的子集。用户可以使用"属性"面板快速修改在"图层"面板中选择的图层组件。

1.5.9 自动恢复功能

自动恢复功能会在指定的间隔时间内存储故障恢复信息，间隔时间默认是10分钟。如果应用程序崩溃，在下次启动该应用程序时，将恢复工作。

要自定义自动恢复存储之间的时间间隔，执行"编辑 > 首选项 > 文件处理"命令。勾选"后台存储"复选框，然后在"自动存储恢复信息时间间隔"复选框后面的下拉列表中选择间隔时间即可。

> **提示** ▶ 创新的侵蚀效果画笔。使用具有侵蚀效果的绘图笔尖，能够产生更自然逼真的效果。可以任意磨钝和削尖炭笔或蜡笔，以创建不同的效果，并将常用的钝化笔尖效果存储为预设。

知识延伸：体验Photoshop带来的乐趣

1. 排列图像文档

在对图像进行编辑和处理的过程中，若是需对如风景、静物或人物等这些同类型的图像进行调整时，可同时打开多张图像，并将多个文件窗口按照需要的方式进行排列，以便于用户查看，从而确定对图像进行调整的步骤和方向。执行"窗口>排列"命令，在弹出的级联菜单中选择排列方式，如右图所示。

2. 优化软件的历史记录功能

使用"历史记录"面板恢复对图像的操作无疑是一个好方法。按组合键Ctrl+K，打开"首选项"对话框，在"性能"选项面板中设置保留的步骤数，范围值在1~1000之间，在实际的运用中一般以50步为宜，避免多步保留影响软件的运行速度。

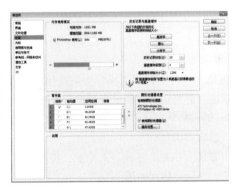

上机实训：裁剪图像并另存

在制作图像时，初次构图难免会有把握不准确的情况发生。此时可以通过Photoshop图像处理软件，针对图像的不同构图需求或应用环境对图像进行适当的裁剪，让图像满足用户多方面的要求。

步骤 01 启动 Photoshop CS6，执行"文件 > 打开"命令或者按组合键 Ctrl+O，如下图所示。

步骤 02 在"打开"对话框中选择实例文件\01\上机实训\雪人.jpg，单击"打开"按钮，如下图所示。

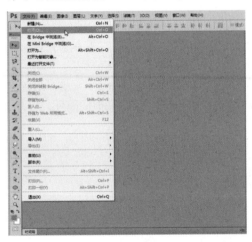

步骤 03 导入图像素材后，选择裁剪工具，按住鼠标左键拖曳出裁剪区域，如下图所示。

步骤 04 调整完成后，按下Enter键即可完成裁剪，如下图所示。

步骤 05 裁剪完成后，执行"文件 > 存储为"命令，如下图所示。

步骤 06 弹出"存储为"对话框，设置文件名与格式（这里选择 JPEG 格式），单击"保存"按钮，如下图所示。

步骤 07 弹出"JPEG 选项"对话框，设置参数，单击"确定"按钮即可，如右图所示。

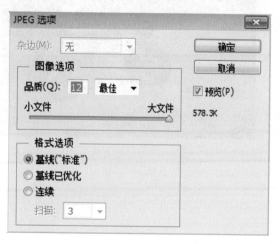

提示 格式选项介绍。①"基线（'标准'）"表示用逐行扫描的方式显示在屏幕上，生成的文件可被所有的浏览器接受。②"基线已优化"表示选择使用优化的霍夫曼编码格式，可达到优化图片色彩质量的效果，生成的文件较小，但有的图像软件不接受这种格式文件。③"连续"表示使用图像多次扫描的方式逐渐清晰地显示在屏幕上，文件较大，可选择扫描次数，载入时能分级逐渐显示。

课后练习

1. 选择题

(1) Photoshop是_____公司开发的图像处理软件。
    A. 微软   B. 金山
    C. Intel   D. Adobe

(2) 图像分辨率的单位是_____。
    A. dpi   B. ppi
    C. lpi   D. pixel

(3) Photoshop图像最基本的组成单元是_____。
    A. 节点   B. 色彩空间
    C. 像素   D. 路径

(4) 在Photoshop CS6中，色彩模式有以下哪几种描述方式_____。
    A. HSB、RGB、灰度、CMYK   B. HSB、索引颜色、Lab、CMYK
    C. HSB、RGB、Lab、CMYK   D. HSB、RGB、Lab、颜色表

(5) 利用_____命令可以改变图像的尺寸。
    A. 图像大小   B. 旋转画布
    C. 复制   D. 调整

2. 填空题

(1) Photoshop CS6的操作界面主要包括_____、_____、属性栏、浮动面板、编辑窗口以及状态栏。

(2) 位图一般称为"点阵图"或"像素图"，其大小和质量由图像中_____的多少来决定。

(3) 调整图像大小是指在保留所有图像的情况下通过改变_____来实现图像尺寸的调整。

(4) 在Photoshop CS6中有三种屏幕模式：_____、带有菜单的全屏模式、全屏模式。

(5) 利用工具箱中的缩放工具就可以对图像成比例地_____与_____。

3. 上机题

    启动Photoshop CS6，打开图像素材，使用裁剪工具调整图像大小并变换图像的透视效果，如下图所示。

中文版Photoshop CS6艺术设计实训案例教程

本章概述

本章将对Photoshop CS6中选区和路径的创建以及编辑操作进行介绍。路径是Photoshop中建立特殊选区的好工具，使用它能够更好地完成一些矢量和特定线条及图形的绘制。

核心知识点

❶ 应用选框工具、套索工具、魔棒工具、快速选择工具、色彩范围命令创建规则和不规则选区

❷ 使用钢笔工具和转换点工具创建并调整路径

❸ 熟练使用工具箱中的工具绘制圆形、圆角矩形、椭圆、正圆以及自定义形状

2.1 规则选区的创建

在Photoshop中，要对局部图像进行编辑，首先要通过各种途径将其选中，也就是创建选区。选区实际上就是一个操作范围的界定。按形状样式可将选区划分为规则选区和不规则选区两大类。创建选区的方法有很多种，可以根据具体情况使用最方便的方法来创建。

2.1.1 创建矩形和正方形选区

使用选框工具可以创建规则的选区，如矩形选框工具、椭圆选框工具、单行选框工具和单列选框工具等。

创建矩形选区的方法是在工具箱中选择矩形选框工具▣，在图像中按住鼠标左键并拖动，绘制出矩形选框，框内的区域就是被选择区域，如下左图所示。

若要绘制正方形选区，可以在按住Shift键的同时在图像中按住鼠标左键并拖动，绘制出的选区即为正方形，如下右图所示。

选择矩形选框工具后，将会显示出该工具的属性栏，其各选项的功能介绍如下。

| ▣ ▾ | ▣ ▣ ▣ ▣ | 羽化: 0 像素 | ☐ 消除锯齿 | 样式: 正常 ⬍ | 宽度: | ⇄ | 高度: | | 调整边缘... |

- **"当前工具"按钮▣**：该按钮显示的是当前所选择的工具，单击该按钮可以弹出工具箱的快捷菜单，在其中可以调整工具的相关参数。
- **选区编辑按钮组**▣▣▣▣：该按钮组又被称为"布尔运算"按钮组，各按钮的名称从左至右分别

是"新选区"、"添加到选区"、"从选区减去"及"与选区交叉"。单击"新选区"按钮▣，选择新的选区；单击"添加到选区"按钮▣，可以连续选择选区，即将新的选择区域添加到原来的选择区域中；单击"从选区减去"按钮▣，从原来的选择区域里减去新的选择区域；单击"与选区交叉"按钮▣，选择的是新选择区域与原来的选择区域相交的部分。

- **"羽化"文本框**：羽化是指通过创建选区边框内外像素的过渡来使选区边缘模糊。羽化参数越大，则选区的边缘越模糊，此时选区的直角处也将变得圆滑，其取值范围在0像素~250像素之间。
- **"样式"下拉列表**：该下拉列表中有"正常"、"固定比例"和"固定大小"三个选项，用于设置选区的形状。

2.1.2 创建椭圆和正圆选区

创建椭圆形选区的方法是在工具箱中单击椭圆选框工具▣，在图像中拖曳，绘制出椭圆形的选区，如下左图所示。若要绘制正圆形的选区，则可以在按住Shift键的同时在图像中拖曳，此时绘制出的选区即为正圆形，如下右图所示。

在实际应用中，环形选区比较多见，创建环形选区需要借助"从选区减去"按钮▣。首先创建一个圆形选区，单击"从选区减去"按钮▣，然后再次拖动绘制一个比原来选区略小的新选区，完成后新选区从原选区中减去，只留下环形的圆环区域，如下图所示。

2.1.3 创建十字形选区

创建十字形选区有两种方法：一种是使用矩形选框工具；另一种是使用单行和单列选框工具。

使用矩形选框工具并结合属性栏中的"添加到选区"按钮■，在绘制完横向区域后继续添加竖向区域，形成十字形选区，如下左图所示。

在工具箱中选择"单行选框工具"███，在图像中拖曳绘制出单行选区，保持"添加到选区"按钮处于被选中的状态，继续选择"单列选框工具"▮，在图像中拖曳绘制出单列选区以增加选区，这样就绘制出了十字形选区，如下右图所示。

提示 ▶ 利用单行选框工具和单列选框工具创建的是1像素宽的横向或纵向选区，主要用于制作一些线条。

2.2 不规则选区的创建

不规则选区从字面上理解是指比较随意、自由、不受具体某个形状制约的选区，在实际应用中比较常见。Photoshop CS6为用户提供了套索工具组和魔棒工具组，包含了套索工具、多边形套索工具、磁性套索工具、魔棒工具以及快速选择工具，以便用户能更自由地创建选区。

2.2.1 创建自由选区

利用套索工具可以创建任意形状的选区，操作时只需要在图像窗口中进行拖曳来绘制，释放鼠标后即可创建选区，如下图所示。

提示 ▶ 如果所绘轨迹是一条闭合曲线，则选区即为该曲线所围范围；若轨迹是非闭合曲线，则套索工具会自动将该曲线的两个端点以直线方式连接从而构成一个闭合选区。

2.2.2 创建不规则选区

　　使用多边形套索工具可以创建具有直线轮廓的不规则选区。多边形套索工具的原理是使用线段作为选区局部的边界。在边界上连续单击鼠标生成线段并连接起来形成一个多边形选区。

　　操作时，在图像中单击一点创建出选区的起始点，然后沿要创建选区的轨迹依次单击鼠标，创建出选区的其他点，最后将光标移动到起始点处单击鼠标，即创建出需要的选区，如下图所示。若不回到起点而是在任意位置双击鼠标，则会自动在起点和终点间生成一条连线，作为多边形选区的最后一条边。

提示 在属性栏中单击"添加到选区"按钮，还可以将更多的选区添加到创建的选区中。

2.2.3 创建精确选区

　　使用磁性套索工具可以为图像中颜色交界处反差较大的区域创建精确选区。磁性套索工具是根据颜色像素自动查找边缘，生成与选择对象最为接近的选区，一般适合于选择与背景反差较大且边缘复杂的对象。

　　在图像窗口中需要创建选区的位置单击鼠标确定选区起始点，沿选区轨迹拖动光标，系统将自动在光标移动的轨迹上选择对比度较大的边缘产生节点，当光标回到起始点变为 形状时再次单击鼠标，即可创建出精确的不规则选区。

提示 若在选取过程中，局部对比度较低难以精确绘制时，可以单击鼠标添加节点。按Delete键可将当前节点删除。

2.2.4　快速创建选区

魔棒工具组包括魔棒工具和快速选择工具，它们属于灵活性很强的选择工具，通常用于选取图像中颜色相同或相近的区域，不必跟踪其轮廓。

其操作方法比较简单，在工具箱中选择魔棒工具 🪄，如下左图所示。在属性栏中设置"容差"参数以辅助软件对图像边缘进行区分，一般情况下设置为30px。将光标移动到需要创建选区的图像中，当其变为形状 🪄 时单击，即可快速创建选区，如下中图所示。

使用"快速选择工具"创建选区时，其选取范围会随着光标的移动而自动向外扩展并自动查找和跟随图像中定义的边缘，如下右图所示。

2.2.5　使用色彩范围命令创建选区

利用"色彩范围"命令创建选区的原理是根据色彩范围创建选区，主要针对不同的色彩进行操作。执行"选择> 色彩范围"命令，打开"色彩范围"对话框，如下左图所示，用户可根据需要调整参数，完成后单击"确定"按钮即可创建选区，如下右图所示。

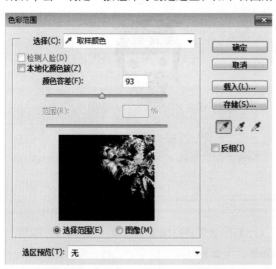

在"色彩范围"对话框中，各主要选项的含义介绍如下。

● **"选择"选项组**：用于选择预设颜色。
● **"颜色容差"文本框**：用于设置选择颜色的范围，数值越大，选择颜色的范围越大；反之，选择颜色的范围就越小。拖动下方滑动条上的滑块可快速调整数值。
● **预览区**：用于显示预览效果。选择"选择范围"单选按钮，预览区中的白色表示被选择的区域，黑色表示未被选择的区域；选择"图像"单选按钮，预览区内将显示原图像。
● **吸管工具组** 🪄 🪄 🪄：用于在预览区中单击取样颜色，🪄和🪄工具分别用于增加和减少选择的颜色范围。

实例02 快速更换图像背景颜色

01 按组合键 Ctrl+O，打开实例文件 \02\ 实例 2\ 卡通 .jpg 文件，如下图所示。

02 执行"选择 > 色彩范围"命令，打开"色彩范围"对话框，移动光标在图像蓝色背景上单击吸取颜色，并设置颜色容差，最后单击"确定"按钮，如下图所示。

03 此时图像中背景的蓝色区域被选中。单击前景色色块，在对话框中设置颜色为#64f6ed，完成后单击"确定"按钮，如下图所示。

04 使用油漆桶工具填充选区，按下组合键 Ctrl+D 取消选区，完成图像背景颜色的更换，如下图所示。

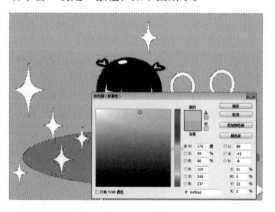

2.3 选区的基本编辑和调整

创建选区后，用户还可以根据需要对选区的位置、大小和形状等进行编辑和修改，包括全选、取消、隐藏或显示、移动、反选、存储和载入、变换和羽化选区等，下面将对其相关知识进行详细介绍。

2.3.1 全选和取消选区

全选选区即整体选中图像。执行"选择>全部"命令或按组合键Ctrl+A即可。

取消选区有三种方法：一是执行"选择>取消选择"命令；二是按组合键Ctrl+D；三是选择任意创建选区工具，在"新选区"模式下，单击图像中任意位置即可取消选区。

2.3.2 隐藏和显示选区

用户在创建选区后可将选区隐藏，以免影响对图像的观察。操作方法是按组合键Ctrl+H将选区隐藏。当需要显示选区继续对图像进行处理时，再次按组合键Ctrl+H即可显示隐藏的选区。

中文版Photoshop CS6艺术设计实训案例教程

2.3.3 移动选区

若创建的选区并未与目标图像重合或未完全选择所需要的区域，此时可以对选区位置进行调整，以重新定位选区。在选择任意选区工具的状态下，将光标移动到选区的边缘位置，当其变为形状时拖曳光标即可移动选区，如下图所示。拖曳时按住Shift键可使选区在水平、垂直或45°斜线方向移动。

当光标变为形状时，将选区拖动到另一个图像窗口中，此时该选区内的图像将复制到该图像窗口中。

除此之外，还可以使用方向键移动选区。通过按方向键可以每次移动选区1像素，若在按住Shift键的同时按方向键，则每次移动选区10像素。

2.3.4 反选选区

反选选区是指快速选择当前选区外的其他图像区域，而当前选区将不再被选择。创建选区后执行"选择>反向"命令或者按组合键Ctrl+Shift+I，即可选取图像中除选区以外的其他图像区域，如下图所示。

提示 在创建的选区中单击鼠标右键，在弹出的快捷菜单中执行"选择反向"命令也可以反选选区。

2.3.5 存储和载入选区

　　对于创建好的选区，如果需要多次使用，可以将其存储。利用存储选区命令，可以将当前的选区存放到一个新的Alpha通道中。执行"选择>存储选区"命令，打开"存储选区"对话框，如下左图所示，在其中设置选区名称后，单击"确定"按钮即可对当前选区进行存储。

　　在"存储选区"对话框中，各主要选项的含义介绍如下。

- ●**"文档"下拉列表**：用于设置保存选区的目标图像文件，默认为当前图像，若选择"新建"选项，则将其保存到新建的图像中。
- ●**"通道"下拉列表**：用于设置存储选区的通道。
- ●**"名称"文本框**：用于输入要存储选区的名称。
- ●**"新建通道"单选按钮**：选择该单选按钮表示为当前选区建立新的目标通道。

　　利用载入选区命令可以调出Alpha通道中存储过的选区。执行"选择>载入选区"命令，打开"载入选区"对话框，如下右图所示。在其"文档"下拉列表中选择刚才保存的选区，在"通道"下拉列表中选择存储选区的通道名称，在"操作"选项组中选择载入选区后与图像中现有选区的运算方式，完成后单击"确定"按钮即可载入选区。

> **提示** 存储和载入选区的操作适合于一些需多次使用的选区或制作过程复杂的选区，减少了重复制作选区的麻烦。

2.3.6 变换选区

　　通过变换选区可以改变选区的形状，如缩放和旋转等。变换时只是对选区进行变换，选区内的图像将保持不变。

　　执行"选择>变换选区"命令，或在选区上单击鼠标右键，在弹出的快捷菜单中执行"变换选区"命令，此时将在选区的四周出现控制框，移动控制框上控制点的位置即可调整，完成调整后按Enter键确认变换即可，如下图所示。

2.3.7 调整选区

选区创建后还可以对其大小范围进行一定的调整和修改。执行"选择>修改"命令,在弹出的级联菜单中选择相应命令即可实现对应的功能。级联菜单包括"边界"、"平滑"、"扩展"、"收缩"和"羽化"5种命令。

1. 边界

边界也叫扩边,即指用户可以在原有的选区上再套用一个选区,填充颜色时只填充两个选区中间的部分。执行"选择>修改>边界"命令,打开"边界选区"对话框,在"宽度"文本框中输入数值,单击"确定"按钮即可。通过该命令创建出的选区是带有一定模糊过渡效果的选区,填充选区后即可看出,下图所示扩边前后效果图。

2. 平滑

平滑选区是指调节选的平滑度,清除选区中杂散像素以及平滑尖角和锯齿。下图所示为平滑选区前后效果图。执行"选择>修改>平滑"命令,打开"平滑选区"对话框,在"取样半径"文本框中输入数值,单击"确定"按钮即可。

3. 扩展

扩展选区是按特定数量的像素扩大选择区域,通过该命令能精确扩展选区的范围,选区的形状实际上并不会改变。下图所示为扩展选区前后对比效果图。执行"选择>修改>扩展"命令,打开"扩展选区"对话框,在"扩展量"文本框中输入数值,单击"确定"按钮即可。

4. 收缩

收缩与扩展相反，收缩即按特定数量的像素缩小选择区域，通过该命令可去除一些图像边缘杂色，让选区变得更精确，选区的形状也不会改变。下图所示为收缩选区前后对比效果图。执行"选择>修改>收缩"命令，打开"收缩选区"对话框，在"收缩量"文本框中输入数值，单击"确定"按钮即可。

5. 羽化

羽化选区的目的是使选区边缘变得柔和，使选区内的图像与选区外的图像自然过渡，常用于图像合成实例中。羽化选区的方法有以下两种。

- **创建选区前羽化**：使用选区工具创建选区前，在其对应属性栏的"羽化"文本框中输入一定数值后再创建选区，这时创建的选区将带有羽化效果。
- **创建选区后羽化**：创建选区后执行"选择>修改>羽化"命令或按组合键Shift+F6，打开"羽化选区"对话框，设置"羽化半径"参数，单击"确定"按钮即可完成选区的羽化操作。下图所示为羽化前后对比效果图。

> **提示** 在对选区内的图像进行移动、填充等操作后才能看到图像边缘的羽化效果。

01 启动Photoshop CS6软件，执行"文件>打开"命令，打开实例文件\02\实例3\向日葵.jpg文件，如下图所示。

02 选择磁性套索工具，沿图像中向日葵的轮廓绘制出如下图所示的选区。

03 执行"选择 > 修改 > 羽化"命令，弹出"羽化选区"对话框，设置"羽化半径"为1像素，单击"确定"按钮，如下图所示。

04 执行"文件>打开"命令，打开实例文件\02\实例3\抠取图像.jpg文件，如下图所示。

05 选择移动工具，当光标变为形状 ▶ 时拖动选区到背景图像中，此时向日葵图像将置于上一步打开的图像中，如下图所示。

06 按组合键Ctrl+T，调整图像大小，按Enter键确认变换，然后调整图像位置，如下图所示。

2.4 路径的创建和调整

路径工具是Photoshop具有矢量设计功能的充分体现，用户可以利用路径功能绘制线条或者曲线，并对绘制后的线条进行填充等，从而完成一些选区工具无法完成的工作，因此，必须熟练掌握路径工具的使用。使用钢笔工具和自由钢笔工具都可以创建路径，也可以使用钢笔工具组中的其他工具，如添加锚点工具、删除锚点工具等对路径进行修改和调整，使其更符合用户的要求。

2.4.1 认识路径和路径面板

所谓路径是指在屏幕上表现为一些不可打印、不能活动的矢量形状，由锚点和连接锚点的线段或曲线构成，每个锚点还附带了两个控制柄，用于精确调整锚点及前后线段的曲度，从而匹配想要选择的边界。

执行"窗口>路径"命令，打开"路径"面板，从中可以进行路径的新建、保存、复制、填充以及描边等操作，如右图所示。

在"路径"面板中，各主要选项的含义介绍如下。

- **路径缩略图和路径层名**：用于显示路径的大致形状和路径名称，双击名称后可为该路径重命名。
- **"用前景色填充路径"按钮●**：单击该按钮将使用前景填充当前路径。
- **"用画笔描边路径"按钮○**：单击该按钮可用画笔工具和前景色为当前路径描边。
- **"将路径作为选区载入"按钮▒**：单击该按钮可将当前路径转换成选区，此时还可对选区进行其他编辑操作。
- **"从选区生成工作路径"按钮◇**：单击该按钮可将当前选区转换成路径。
- **"添加蒙版"按钮▣**：单击该按钮可以为路径添加图层蒙版。
- **"创建新路径"按钮⬚**：单击该按钮可以创建新的路径图层。
- **"删除当前路径"按钮🗑**：单击该按钮可以删除当前路径图层。

2.4.2 使用钢笔工具绘制路径

钢笔工具是一种矢量绘图工具，可以精确绘制出直线或平滑的曲线。选择钢笔工具✎，在图像中单击创建路径起点，此时在图像中会出现一个锚点，沿图像中需要创建路径的图案轮廓方向并向外拖曳，让曲线贴合图像边缘，直到光标与创建的路径起点相连接，路径才会自动闭合，如下图所示。

提示 ▶ 在绘制过程中，实心方形的锚点，表示处于被选中状态。继续添加锚点时，之前定义的锚点会变成空心方形。

2.4.3 了解自由钢笔工具

利用自由钢笔工具可以在图像中拖曳光标绘制任意形状的路径。在绘画时，将自动添加锚点，无需确定锚点的位置，完成路径后同样可进一步对其进行调整。

选择自由钢笔工具，在属性栏中勾选"磁性的"复选框将创建连续路径，同时会跟随光标的移动产生一系列锚点，如下左图所示；若取消勾选该复选框，则创建不连续路径，如下右图所示。

> **提示** 自由钢笔工具类似于套索工具，不同的是，套索工具绘制的是选区，而自由钢笔工具绘制的是路径。

2.4.4 添加和删除锚点

路径可以是平滑的直线或曲线，也可以是由多个锚点组成闭合形状，在路径中添加锚点或删除锚点都能改变路径的形状。

1. 添加锚点

在工具箱中选择添加锚点工具，将光标移到要添加锚点的路径上，当光标变为形状时单击鼠标即可添加一个锚点，添加的锚点以实心显示，此时拖曳该锚点可以改变路径的形状，如下图所示。

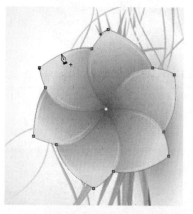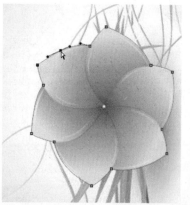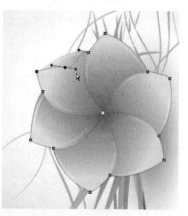

> **提示** 除了使用添加锚点工具可以添加锚点外，还可以使用钢笔工具直接在路径上添加，但前提是要勾选钢笔工具属性栏中的"自动添加/删除"复选框。

2. 删除锚点

删除锚点工具与添加锚点工具的功能相反，主要用于删除不需要的锚点。在工具箱中选择删除锚点工具 ，将光标移到要删除的锚点上，当光标变为形状 时单击鼠标即可删除该锚点，删除锚点后路径的形状也会发生相应变化，如下图所示。

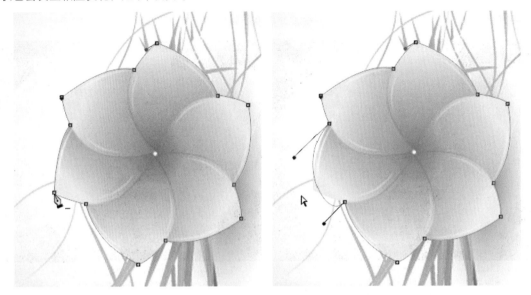

> **提示** 如果在钢笔工具或自由钢笔工具的属性栏中勾选"自动添加/删除"复选框，则在单击线段或曲线时，将会添加锚点；单击现有的锚点时，该锚点将被删除。

2.4.5 转换锚点调整路径

使用转换点工具 能将路径在尖角和平滑之间进行转换，具体有以下几种方式。

- 若要将锚点转换为平滑点，在锚点上按住鼠标左键不放并拖动，会出现锚点控制柄，拖动控制柄即可调整曲线的形状，如右图所示。
- 若要将平滑点转化成没有方向线的角点，只要单击平滑锚点即可，如下左图所示。
- 若要将平滑点转换为带有方向线的角点，要使方向线出现，然后拖动方向点，使方向线断开，如下右图所示。

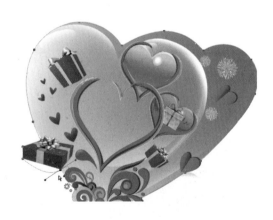

2.5 路径的编辑

使用路径选择工具可选择所绘制的路径，选择路径后还可以对其进行编辑，如复制路径、删除多余路径、存储路径、描边路径以及填充路径等。

2.5.1 选择路径

在对路径进行编辑操作之前首先需要选择路径。在工具箱中选择路径选择工具，将光标移动到图像窗口中单击路径，即可选择该路径。选择路径后按住鼠标左键不放并拖动即可改变所选择路径的位置，如下图所示。路径选择工具用于选择和移动整个路径。

直接选择工具用于移动路径的部分锚点或线段，或者调整路径的方向点和方向线，而其他未选中的锚点或线段则不会被改变，如下图所示。其中被选中的锚点显示为实心方形，未被选中的显示为空心方形。

提示 按住Shift键的同时，可以选择其他锚点。

2.5.2 复制和删除路径

选择需要复制的路径，按住Alt键，此时光标变为形状，拖曳路径即可复制出新的路径，如下图所示。

提示 按住Alt键的同时再按住Shift键并拖曳路径，能让复制出的路径与原路径成水平、垂直或45°效果。

　　删除路径非常简单，若要删除整个路径，在"路径"面板中选中该路径，单击该面板底部的"删除当前路径"按钮即可。若要删除某段路径，可使用直接选择工具选择所要删除的路径段，然后按Delete键即可。

> **提示** 删除整个路径也可以使用路径选择工具选择路径，然后按Delete键即可。

2.5.3 存储路径

　　在图像中首次绘制的路径会默认为工作路径，若将工作路径转换为选区并填充选区后，再次绘制路径则会自动覆盖前面绘制的路径，只有存储路径，才能对路径进行保存。

　　在"路径"面板中单击右上角的按钮▼▆，在弹出的扩展菜单中执行"存储路径"命令，弹出"存储路径"对话框，在该对话框的"名称"文本框中设置路径名称，然后单击"确定"按钮即可保存路径。此时在"路径"面板中可以看到，工作路径变为了"路径1"，如下图所示。

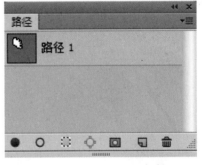

> **提示** 将工作路径拖动到"路径"面板底部的"创建新路径"按钮上释放鼠标也可以存储路径。

2.5.4 描边路径和填充路径

　　描边路径是沿已有的路径为其边缘添加画笔线条效果，画笔的笔触和颜色用户可以自定义，可使用的描边工具包括画笔、铅笔、橡皮擦和图章工具等。

　　具体操作方法是设置好前景色，选择用于描边的工具（这里选择画笔工具，设置笔触大小为2像素），然后在"路径"面板中选择要描边的路径，单击面板底部的"用画笔描边路径"按钮即可，如下图所示。

提示 按住Alt键的同时单击 "用画笔描边路径" 按钮，打开 "描边路径" 对话框，在该对话框中可以选择描边使用的工具。

填充路径是对路径填充前景色、背景色或其他颜色，同时还能快速为图像填充图案。若路径为线条，则会按 "路径" 面板中显示的选区范围进行填充。

操作方法是设置好前景色后，在 "路径" 面板中选中要描边的路径，单击面板右上角的扩展按钮 ，在弹出的快捷菜单中执行 "填充路径" 命令，打开如下左图所示的 "填充路径" 对话框，设置填充方式，单击 "确定" 按钮即可，如下右图所示。

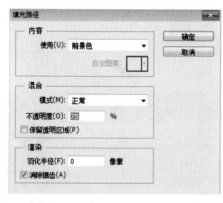 

实例04 绘制填充路径

01 启动Photoshop CS6，选择 "文件>打开" 命令，打开实例文件\02\实例04\绘制填充路径.jpg文件，如下图所示。

02 在工具箱中选择钢笔工具，绘制路径，如下图所示。

03 设置前景色，按组合键 Ctrl+Enter，将路径转化为选区，如下图所示。

04 选择油漆桶工具，为选区填充颜色，按组合键 Ctrl+D 取消选区，如下图所示。

05 按组合键 Ctrl+T，调整图像大小及位置，如下图所示。

06 复制相同的路径，然后填充不同的颜色，调整大小及位置，如下图所示。

2.6 形状与路径

　　使用形状工具绘制出来的实际上是剪切路径，具有矢量图形的性质。默认情况下绘制的形状用前景色填充，也可用渐变色或图案填充。使用形状工具可以方便地调整图形的形状，以便创建出多种规则或不规则的形状或路径，如矩形、圆角矩形、椭圆形、多边形、直线以及自定义形状等。

2.6.1 绘制矩形和圆角矩形

　　使用矩形工具可以在图像窗口中绘制任意方形或具有固定长宽的矩形。具体操作方法是选择"矩形工具" ▅，在属性栏中选择"形状"选项，在图像中拖动绘制出以前景色填充的矩形。此时若选择"路径"选项，则绘制出矩形路径，如下左图所示。

　　使用圆角矩形工具能绘制出带有一定圆角弧度的矩形。圆角矩形工具的使用方法与矩形工具相同，不同的是，圆角矩形工具▅的属性栏中会出现"半径"参数文本框，设置其数值越大，圆角的弧度也越大。若选择"路径"选项，则绘制出圆角矩形路径，如下右图所示。

中文版Photoshop CS6艺术设计实训案例教程

2.6.2 绘制椭圆和正圆

　　使用椭圆工具可以绘制椭圆形状。在绘制过程中按住Shift键的同时拖曳光标，绘制为正圆形状，在绘制图形之后可以设置形状的填充效果，如下图所示。

2.6.3 绘制多边形

　　使用多边形工具可以绘制具有不同边数的多边形和星形，在属性栏中"边"文本框中输入需要的边数，即可绘制相应的图形，在绘制图形之后可以设置形状的填充效果，如下图所示。单击按钮❖，可在弹出的扩展菜单中设置是否画一个星形、半径、缩进边依据等。

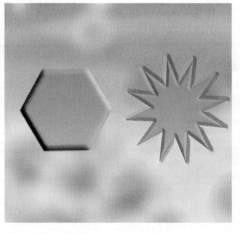

2.6.4 绘制自定义形状

　　使用自定形状工具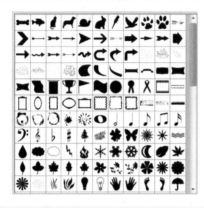可绘制系统自带的不同形状。Photoshop CS6为用户提供了如动物、箭头、画框、音乐、自然、物体、装饰和符号等多种类型的各样形状，在更大程度上方便用户使用。在属性栏的"形状"下拉列表中选择需要绘制的形状即可，如下图所示。

提示 单击"形状"下拉列表右侧的扩展按钮，在弹出的菜单中还可以选择其他预设的形状进行绘制。

实例05 制作卡片

01 启动 Photoshop CS6，打开实例文件 \02\ 实例5\ 制作卡片 .jpg，如下图所示。选择圆角矩形工具，在属性栏中选择"路径"选项。

02 在图片中绘制矩形，将路径转化为选区，设置羽化值，按Ctrl+Shift+I 组合键反选，按Backspace键删除背景，按CTRL+D取消选区，如下图所以。

03 选择椭圆工具，在左上角按 Shift 键画正圆，并载入选区，按 Backspace 键删除，如下图所示。

04 将图片移动到一个背景图内，选择自定义形状工具，在属性栏中选择"路径"选项，绘制一个路径，并载入选区，按Ctrl+J复制图层，如下图所示。

05 移动形状位置，如下图所示。

06 选择画笔工具，设置画笔参数，绘制形状，如下图所示。

知识延伸：选区的运算

　　创建复杂选区时可以利用快捷键控制选区的增加、减少和交叉。单击"新选区"按钮，按住Shift键可以暂时切换到添加到选区状态，拖曳光标即可增加选区，如下图所示。

　　按住Alt键可以暂时切换到从选区减去状态，拖曳出需要减去的区域即可，如下图所示。

按住组合键Shift+Alt可以切换到与选区交叉状态，新绘制的选区范围与原选区重叠的部分（相交的区域）将被保留，如下图所示。

上机实训：制作路径文字

我们将利用本章所学习的知识，制作出漂亮的文字效果。

步骤 01 启动 Photoshop CS6，打开实例文件＼上机实训＼制作路径文字 .jpg 图片，如下图所示。

步骤 02 选择文字工具，输入文本，设置字体样式（根据自己喜好设置），如下图所示。

步骤 03 选择钢笔工具，根据文本绘制文字路径，如下图所示。

步骤 04 新建图层，设置前景色为 #535afc，选择画笔工具，单击"路径"面板底部的"用画笔描边路径"按钮，为文字路径描边，如下图所示。

步骤 05 单击"图层"面板底部的"添加图层样式"按钮，选择"外发光"选项，弹出"图层样式"对话框，如下图所示。

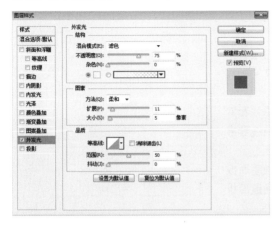

步骤 07 新建图层，选择画笔工具，在文本边缘绘制高光部分（用户根据自己喜好选择颜色），然后执行"滤镜 > 模糊 > 高斯模糊"命令，设置参数，使高光变得柔和，如下图所示。

步骤 09 将文本层复制 3 个，选中复制层中的其中一个，选择"滤镜 > 模糊 > 动感模糊"命令，设置参数，效果如下图所示。

步骤 06 在"外发光"选项面板中设置参数完成后单击"确定"按钮，此时图层添加了外发光效果，如下图所示。

步骤 08 将文本图层复制 3 个，选择其中一层，执行"滤镜 > 模糊 > 动感模糊"命令，设置参数，效果如下图所示。

步骤 10 使用画笔工具增加一些点缀，最后效果如下图所示。

课后练习

1. 选择题

(1) 通过下面_____方法能创建路径。

A. 使用钢笔工具   B. 铅笔工具

C. 使用添加锚点工具   D. 文字工具

(2) 选择颜色相近和相同的连续区域所用工具是_____。

A. 魔术棒   B. 磁性套索

C. 多边形套索   D. 曲线套索

(3) 当执行"存储选区"命令后，选区是被存入_____。

A. 路径面板   B. 画笔面板

C. 图层面板   D. 通道面板

(4) 下列关于路径的描述不正确的_____。

A. 路径只能是一段直线   B. 路径的主要特点是精确性

C. 可以用钢笔工具来制作路径   D. Photoshop中有专门的路径面板来实现

(5) 使用_____可以移动某个锚点的位置，并可以对锚点进行变形操作。

A. 钢笔工具   B. 直接选择工具

C. 添加锚点工具   D. 自由钢笔工具

2. 填空题

(1) 规则选框工具包括_____、椭圆选框工具、_____和单列选框工具。

(2) 多边形套索工具的原理是使用_____作为选区局部的边界，连续单击鼠标生成的线段连接起来形成一个多边形的选区。

(3) 平滑选区是指调节选区的_____，清除选区中杂散像素以及平滑尖角和锯齿。

(4) 使用形状工具可以方便地调整图形的形状，以便创建出多种_____的形状或路径。

3. 上机题

启动Photoshop CS6，打开图片素材，利用路径为衣服增加溶解效果，如下图所示。

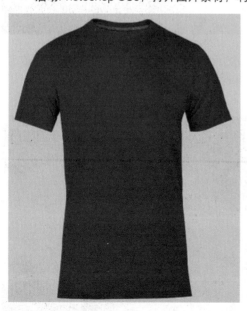

Chapter **03** 图层的应用

本章概述

图层是平面设计的创作平台，是Photoshop的核心功能，Photoshop中的任何操作都是基于图层来完成的。用户可以将不同的图像放在不同的图层上进行独立操作，而它们之间互不影响。掌握有关图层的操作方法是非常有意义的。

核心知识点

① 熟悉图层的作用，图层的新建、复制、重命名、调整顺序等基本操作

② 熟悉图层的对齐、分布、链接、锁定、合并、盖印等编辑操作

③ 掌握并运用各类图层混合模式和图层样式

3.1 图层的概念与作用

图层类似于含有文字或图形等元素的胶片，一张张按顺序叠放在一起，形成页面的最终效果。为了保证能够创作出最佳的图像作品，应熟练掌握图层的应用。

3.1.1 什么是图层

一个由Photoshop创作的图像可以想象成是由若干张包含各个不同部分的图像、且具有不同透明度的纸叠加形成的，每张纸称之为一个"图层"。

常见的图层类型包括普通图层、背景图层、文本图层、蒙版图层、形状图层以及调整图层等。下面将对其进行分别介绍。

1. 背景图层

背景图层即叠放于各图层最下方的一种特殊的不透明图层，它以背景色为底色。用户可以在背景图层中自由涂画和应用滤镜，但不能移动其位置和改变叠放顺序，也不能更改其不透明度和混合模式。使用橡皮擦工具擦除背景图层时会得到背景色。

2. 普通图层

普通图层即最普通的一种图层，在Photoshop中显示为透明。用户可以根据需要在普通图层上随意添加与编辑图像。在隐藏背景图层的情况下，图层的透明区域显示为灰白方格，如下左图所示。

3. 文本图层

文本图层主要用于输入文本内容，当用户选择文字工具在图像中输入文字时，系统将自动创建一个文字图层，如下右图所示。若要对其进行编辑，应先执行"栅格化"命令，将其转换为普通图层。

4. 蒙版图层

蒙版是图像合成的重要手段，蒙版图层中的黑、白和灰色像素控制着图层中相应位置处图像的透明程度。其中，白色表示显示的区域，黑色表示未显示的区域，灰色表示半透明区域。此类图层缩览图的右侧会显示一个黑白的蒙版图像，如下左图所示。

5. 形状图层

在使用形状工具创建图形时，系统会自动建立一个形状图层，如下中图所示。

6. 调整图层和填充图层

调整图层主要用于存放图像的色调与色彩，可以调节该层以下图层中图像的色调、亮度和饱和度等。它对图像的色彩调整很有帮助，该图层的引入解决了存储后图像不能再恢复到以前色彩的情况。若图像中没有任何选区，则调整图层作用于其下方所有图层，但不会改变下面图层的属性。

填充图层的填充内容可为纯色、渐变或图案，如下右图所示。

提示▶ 形状图层具有可以反复修改和编辑的特性。

一个Photoshop创作的图像可以想象成是由若干张包含有图像各个不同部分的、不同透明度的纸叠加而成的，每张纸称之为一个"图层"。图层具有以下三个特性：

- **独立性**：图像中的而每个图层都是独立的，当移动、调整或删除某个图层时，其他的图层不受任何影响。
- **透明性**：图层可以看做是透明的胶片，未绘制图像的区域可查看下方图层的内容，将众多的图层按一定顺序叠加在一起，便可得到复杂的图像。
- **叠加性**：图层由上至下叠加在一起，并不是简单的堆积，而是通过控制各层图层的混合模式和选项之后叠加在一起，可以得到千变万化的图像何曾效果。

常见的图层类型包括普通图层、背景图层、文本图层、蒙版图层、形状图层以及调整图层等。下面将对其进行分别介绍。

3.1.2 熟悉图层面板

在Photoshop中，几乎所有的应用都是基于图层的，很多复杂强劲的图像处理功能也是图层提供的。执行"窗口>图层"命令，打开"图层"面板，如右图所示。

在"图层"面板中，主要选项的含义介绍如下。

- ●**"图层滤镜"下拉列表**：位于"图层"面板的顶部，显示基于名称、种类、效果、模式、属性或颜色标签的图层子集。使用新的过滤选项可帮助用户快速地在复杂文档中找到关键层。
- ●**"图层混合模式"下拉列表**：用于选择图层的混合模式。
- ●**"不透明度"文本框**不透明度：100% ▼：用于设置当前图层的不透明度。
- ●**"锁定"选项组**锁定：☑ ✓ ✛ 🔒：用于对图层的不同元素进行相应的锁定，包括锁定透明像素、锁定图像像素、锁定位置和锁定全部。图层被锁定后，将显示完全锁定图标🔒或部分锁定图标🔒。
- ●**"不透明度"数值框**填充：100%：可以在当前图层中调整某个区域的不透明度。
- ●**"指示图层可见性"按钮**👁：用于控制图层显示或者隐藏，在隐藏状态下的图层不能被编辑。
- ●图层缩览图：图层图像的缩小图，方便确定调整的图层。右击缩览图，弹出快捷菜单，在快捷菜单中可以选择缩览图的大小、颜色和像素等。
- ●图层名称：定义的图层名称，若想要更改图层名称，只需双击要重命名的图层，输入名称即可。
- ●图层按钮组"🔗 𝑓𝑥 ◻ ◐ ▢ ▢ 🗑：在图层面板底端有7个按钮分别是"链接图层"、"添加图层样式"、"添加图层蒙版"、"创建新的填充或调整图层"、"创建新组"、"创建新图层"和"删除图层"按钮，它们是图层操作中经常用到的命令。

3.2 图层的基本操作

图像的创作和编辑离不开图层，因此必须熟练掌握图层的基本操作。在Photoshop CS6中，图层的操作包括新建、删除、复制、合并、重命名以及调整图层叠放顺序等。

3.2.1 新建图层

新建图层很简单，执行"图层>新建>图层"命令，弹出"新建图层"对话框，单击"确定"按钮即可，如下图所示。或者在"图层"面板中，单击"创建新图层"按钮▢，即可在当前图层上面新建一个图层，新建的图层会自动成为当前图层。

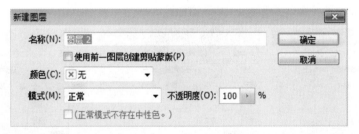

除此之外，还应该掌握其他图层的创建方法。

- ●**文字图层**：选择文字工具，在图像中单击鼠标，出现文本插入符后输入文字，按组合键Ctrl+Enter确认即可创建文字图层。
- ●**形状图层**：选择自定形状工具，打开选项栏中"设置带创建的形状"选项右侧的下拉列表形状：▲，从中选择相应的形状，在图像上单击并拖动鼠标，即会自动生成形状图层。
- ●**填充或调整图层**：单击"图层"面板下方的"创建新的填充或调整图层"按钮◐，在弹出的菜单中选择相应的命令，设置适当调整参数后单击"确定"按钮，即在"图层"面板中创建了调整图层或填充图层。

3.2.2 选择图层

在编辑图像之前，选择相应图层作为当前工作图层，只须将光标移动到"图层"面板上，当其变为形状时单击需要选择的图层即可。或者在图像上单击鼠标右键，在弹出的快捷菜单中选择相应的图层名称也可选择该图层。

选择一个图层后，按住Shift键单击第二图层，即可选择两个图层之间的所有图层。按住Ctrl键的同时单击需要选择的图层，可以选择非连续的多个图层，如下图所示。

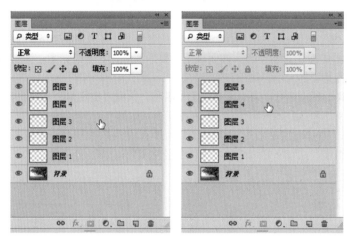

3.2.3 复制并重命名图层

在编辑图像的过程中，复制图层应用非常广泛，根据实际需要可以在同一个图像中复制图层或组，也可以在不同的图像间复制图层或组。选择需要复制的图层，将其拖动到"创建新图层"按钮上即可复制出一个副本图层，如下左图所示。复制副本图层可以避免因为操作失误造成的图像效果的损失。

如果需要修改图层名称，双击图层名称，图层名称呈可编辑状态，如下中图所示，此时输入新的图层名称，按Enter键确认即可重命名该图层，如下右图所示。

3.2.4 删除图层

为了减少图像文件占用的磁盘空间，在编辑图像时，通常会将不再使用的图层删除。具体的操作方法是右击需要删除的图层，在弹出的快捷菜单中执行"删除图层"命令即可。

除此之外，还可以选中要删除的图层，将其拖动到"删除图层"按钮 上，释放鼠标即可删除。

3.2.5 调整图层叠放顺序

一个图像不止有一个图层，图层的叠放顺序直接影响着图像的合成结果，因此，常常需要调整图层的叠放顺序，达到设计的要求。

最常用的方法是在"图层"面板中选择需要调整位置的图层，将其直接拖动到目标位置，出现黑色双线时释放鼠标即可，如下左图所示。

或者在"图层"面板上选择要移动的图层，执行"图层>排列"命令，然后从级联菜单中执行相应的命令，被选定的图层即被移动到指定的位置上，如下右图所示。

3.3 图层的编辑

图层的编辑操作包括图层的对齐与分布、链接、锁定、合并和盖印等，下面将对其分别进行介绍。

3.3.1 图层的对齐与分布

在编辑图像过程中，常常需要将多个图层进行对齐或分布排列。对齐图层是指将两个或两个以上的图层按一定规律对齐排列，以当前图层或选区为基础，在相应方向上对齐。执行"图层>对齐"命令，在弹出的级联菜单中选择相应的对齐方式即可，如下图所示的顶边对齐前后效果对比。

分布图层是指将三个以上的图层按一定规律在图像窗口中进行分布。在"图层"面板中选择图层后执行"图层>分布"命令，在弹出的级联菜单中选择所需的分布方式即可，如下图所示为水平居中分布效果对比。

> **提示** 移动工具的属性栏中提供了一组对齐按钮 ▼ ⬥ ⬛ ┃ ⬥ ⬛ 和一组分布按钮 ☰ ⬥ ⬛ ▮▮ ┿┿ ▮▮，选择需要调整的图层后即可激活这些按钮，单击相应的按钮即可快速对图像进行对齐和分布操作。

3.3.2 图层的链接与锁定

图层的链接是指将多个图层链接在一起，链接后可同时对已链接的多个图层进行移动、变换和复制等操作。要链接图层，应在"图层"面板中至少选择两个图层，单击"链接图层"按钮 ⊖ 即可，如下左图所示。若要取消图层之间的链接，则选择要取消链接的图层，然后单击"图层"面板底部的"链接图层"按钮 ⊖ 即可。

为了防止对图层进行一些错误操作，还可以将图层锁定。Photoshop CS6为用户提供了锁定透明像素、锁定图像像素、锁定位置和锁定全部 4 种锁定方式，只要选择需要锁定的图层，然后在"图层"面板中单击相应的锁定按钮即可，如下右图所示。

> **提示** 按住Shift键，单击链接图层右侧的链接图标，链接图标上出现一个红叉，表示当前图层的链接被禁用。如果按住Shift键，再次单击链接图标可重新启用链接。

"图层锁定"各按钮的功能介绍如下。

- **锁定透明像素** ⊠：锁定图层或图层组中的透明区域。当使用绘图工具绘图时，只对图层的非透明区域（即有图像像素的部分）有效。
- **锁定图像像素** ⬥：锁定图层或图层组中有像素的区域。单击此按钮，任何绘图、编辑工具和命令都不能在图层上进行操作，选择绘图工具后，光标将显示为禁止编辑形状 ⊘。
- **锁定位置** ⬥：锁定像素的位置。单击此按钮，将不能对图层执行移动、旋转和自由变换等操作，但可以绘图和编辑。
- **锁定全部** ⬤：完全锁定图层，不能对图层进行任何操作。

3.3.3 合并图层

一幅图像往往由许多图层组成，图层越多，文件越大。当最终确定了图像的内容后，为了缩减文件，可以合并图层。简单来说，合并图层就是将两个或两个以上图层中的图像合并到一个图层上。用户可根据需要对图层进行合并，从而减少图层的数量和文件的大小。

1. 合并图层

当需要合并两个或多个图层时，在"图层"面板中选择要合并的图层，执行"图层>合并图层"命令或单击"图层"面板右上角的扩展按钮，在弹出的扩展菜单中执行"合并图层"命令，即可合并图层，如右图所示。

> **提示** 按组合键Ctrl+E也可合并图层。

2. 合并可见图层

合并可见图层就是将图层中可见的图层合并到一个图层中，而隐藏的图像则保持不动。执行"图层>合并可见图层"命令或者按组合键Ctrl+Shift+E即可合并可见图层。合并后的图层以合并前选择的最上层图层名称命名，如右图所示。

3. 拼合图像

拼合图像就是将所有可见图层进行合并，而丢弃隐藏的图层。执行"图层>拼合图像"命令，Photoshop CS6会将所有显示的图层合并到背景图层中。若有隐藏的图层，则会弹出提示对话框，询问是否要扔掉隐藏的图层，单击"确定"按钮即可。

3.3.4 盖印图层

盖印图层是将之前对图像进行处理后的效果以图层的形式复制在一个图层上，便于继续进行编辑，这种方式极大地方便了用户操作，同时也节省了时间。

一般情况下，选择位于"图层"面板最顶层的图层，并按下组合键Ctrl+Shift+Alt+E即可盖印所有图层，如右图所示。

3.4 图层的混合模式

在Photoshop CS6中，除了对图层执行一些基本操作外，还可以对其进行更详细的设置，例如设置图层的混合模式。图层的混合模式决定了当前图层中的图像像素与其下层像素进行混合的方式。通过改变图层的混合模式往往可以得到许多意想不到的特殊效果。

3.4.1 设置图层不透明度

图层的不透明度直接影响了图层上图像的透明效果，对其进行调整可淡化当前图层中的图像，使图像产生虚实结合的透明感。在"图层"面板的"不透明度"数值框中输入相应的数值或直接拖动滑块即可设置，如下图所示。数值的取值范围在0%～100%之间：当值为100%时，图层完全不透明；当值为0%时，图层完全透明。

> **提示** 在"图层"面板中，"不透明度"和"填充"两个参数都可用于设置图层的不透明度，但其作用范围是有区别的。"填充"只用于设置图层的内部填充颜色，对添加到图层的外部效果（如投影）不起作用。

3.4.2 设置图层混合模式

混合模式默认为正常模式，除正常模式外，Photoshop CS6提供了26种混合模式，分别为：溶解、变暗、正片叠底、颜色加深、线性加深、深色、变亮、滤色、颜色减淡、线性减淡（添加）、浅色、叠加、柔光、强光、亮光、线性光、点光、实色混合、差值、排除、减去、划分、色相、饱和度、颜色和明度。在"图层"面板的"混合模式"下拉列表中选择相应的选项即可改变当前图层的混合模式，如右图所示。

中文版Photoshop CS6艺术设计实训案例教程

图层混合模式的设置效果及其功能说明如下。

（1）正常：该模式为默认的混合模式，使用此模式时，图层之间不发生相互作用，如下左图所示。

（2）溶解：在图层完全不透明的情况下，溶解模式与正常模式得到的效果是相同的。若降低图层的不透明度，图层中某些像素透明，其他像素完全不透明，得到颗粒化效果。如果不透明度越低，消失的像素就越多，如下中图所示。

（3）变暗：该模式的应用将会产生新的颜色，即它对上下两个图层相对应像素的颜色值进行比较，取较小值，因此叠加后图像效果整体变暗，如下右图所示。

（4）正片叠底：该模式可用于添加阴影和细节，而不会完全消除下方的图层阴影区域的颜色，如下左图所示。其中，任何颜色与黑色混合仍为黑色，与白色混合时没有变化。

（5）颜色加深：该模式主要用于创建非常暗的阴影效果。根据图像每个通道中的颜色信息，通过增加对比度使基色变暗以反映混合色，如下中图所示。

（6）线性加深：使用该模式查看每一个颜色通道的颜色信息，加暗所有通道的基色，并通过提高其他颜色的亮度来反映混合颜色，与白色混合时没有变化，如下右图所示。

（7）深色：应用该模式将与混合色和基色的所有通道值的总和并显示值较小的颜色。正是由于它从基色和混合色中选择最小的通道值来创建结果颜色，因此该模式的应用不会产生第三种颜色，如下左图所示。

（8）变亮：此模式与变暗模式相反，混合结果为图层中较亮的颜色，如下中图所示。

（9）滤色：根据图像每个通道中的颜色信息，将混合色的互补色与基色复合。结果色总是较亮的颜色，用黑色过滤时颜色保持不变，如下右图所示。

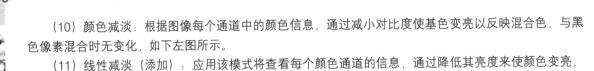

（10）颜色减淡：根据图像每个通道中的颜色信息，通过减小对比度使基色变亮以反映混合色，与黑色像素混合时无变化，如下左图所示。

（11）线性减淡（添加）：应用该模式将查看每个颜色通道的信息，通过降低其亮度来使颜色变亮，但与黑色混合时无变化，如下中图所示。

（12）浅色：该模式的应用与"深色"模式的应用效果正好相反，如下右图所示。

（13）叠加：该模式将对各图层颜色进行叠加，具体取决于基色。保留底色的高光和阴影部分，底色不被取代，而是和上方图层混合来体现原图的亮度和暗部，图案或颜色在现有像素上叠加，同时保留基色的明暗对比，不替换基色，如下左图所示。

（14）柔光：该模式将根据上方图层的明暗程度决定最终的效果是变亮还是变暗。当上方图层颜色比50%灰色亮时，图像变亮，相当于减淡；当上方图层颜色比50%灰色暗时，图像变暗，相当于加深，如下中图所示。

（15）强光：该模式的应用效果与柔光类似，但其加亮与变暗的程度比柔光模式强很多，如下右图所示。

（16）亮光：该模式将通过增加或降低对比度来加深和减淡颜色。如果上方图层颜色比50%的灰度亮，则图像通过降低对比度来减淡，反之图像被加深，如下左图所示。

（17）线性光：通过减小或增加亮度来加深或减淡颜色，具体取决于混合色。若上方图层颜色比50%的灰度亮，则图像增加亮度，反之图像变暗，如下中图所示。

（18）点光：该模式将根据颜色亮度，决定上方图层颜色是否替换下方图层颜色，如下右图所示。

（19）实色混合：应用该模式后，两个图层叠加后具有很强的硬性边缘，如下左图所示。

（20）差值：该模式将使上方图层颜色与底色的亮度值互减，取值时以亮度较高的颜色减去亮度较低的颜色。较暗的像素被较亮的像素取代，而较亮的像素不变，如下中图所示。

（21）排除：该模式与差值模式相类似，但图像效果会更加柔和，如下右图所示。

（22）减去：该模式将当前图层与下面图层中图像色彩相减，如下左图所示。

（23）划分：该模式将上一层的图像色彩以下一层的颜色为基准进行划分，如下中图所示。

（24）色相：该模式将采用底色的亮度、饱和度以及上方图层中图像的色相作为结果色。混合色的亮度及饱和度与底色相同，但色相则由上方图层的颜色决定，如下右图所示。

（25）饱和度：该模式将采用底色的亮度、色相以及上方图层中图像的饱和度作为结果色。混合后的色相及明度与底色相同，但饱和度由上方图层决定。若上方图层中图像的饱和度为零，则原图就没有变化，如下左图所示。

（26）颜色：该模式采用底色的亮度以及上方图层中图像的色相和饱和度作为结果色。混合后的明度与底色相同，颜色由上方图层的图像决定，如下中图所示。

（27）明度：该模式采用底色的色相饱和度以及上方图层中图像的亮度作为结果色。此模式与颜色模式相反，即其色相和饱和度由底色决定，如下右图所示。

实例06 调整图片色调

01 启动 Photoshop CS6，打开实例文件 \03\ 实例 06\ 调整图片色调 .jpg 文件，如下图所示。

02 新建图层，选择渐变工具，设置渐变颜色（根据自己的喜好设置即可），绘制渐变图层，如下图所示。

03 选择渐变图层，设置渐变图层的混合模式为"色相"，如下图所示。

04 复制背景图层，将其移动到渐变图层上，设置其混合模式为"点光"，如下图所示。

3.5 图层样式

为图层添加图层样式是指为图层上的图形添加一些特殊的效果。例如投影、内阴影、内发光、外发光、斜面和浮雕、光泽、颜色叠加以及渐变叠加等。下面详细介绍图层样式的应用。

3.5.1 了解不同的图层样式

双击需要添加图层样式的图层，打开"图层样式"对话框，如下图所示，勾选复选框并在相应的选项面板中设置参数以调整效果，单击"确定"按钮即可。

用户还可以单击"图层"面板底部的"添加图层样式"按钮*fx*，在弹出的菜单中选择任意一种样式，打开"图层样式"对话框，勾选相应的复选框并设置参数，若勾选多个复选框，则可同时为图层添加多种样式效果。

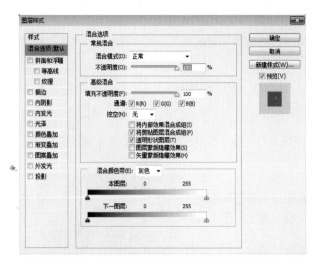

下面将对各图层样式的应用进行简单介绍。

● **投影**：用于模拟物体受光后产生的投影效果，增加图像的层次感。

● **内阴影**：是指沿图像边缘向内产生投影效果。"投影"是在图层内容的背后添加阴影；"内阴影"是在图层边缘内添加阴影，使图层呈现内陷的效果。

● **外发光**：在图像边缘的外部添加发光效果。

● **内发光**：在图像边缘的内部添加发光效果。

● **斜面和浮雕**：增加图像边缘的明暗度，并增加投影来使图像产生不同的立体感。

● **光泽**：在图像上填充明暗度不同的颜色并在颜色边缘部分产生柔化效果，常用于制作光滑的磨光或金属效果。

● **颜色叠加**：使用一种颜色覆盖在图像表面。为图像添加"颜色叠加"样式类似使用画笔工具为图像涂抹上一层颜色，不同的是，"颜色叠加"样式叠加的颜色不会破坏原图像。

● **渐变叠加**：使用一种渐变颜色覆盖在图像表面。

● **图案叠加**：使用一种图案覆盖在图像表面。

● **描边**：使用一种颜色沿图像边缘填充。

3.5.2 折叠和展开图层样式

为图层添加图层样式后，在图层右侧会显示一个"指示图层效果"图标 fx。当三角形图标指向下端时，图层样式折叠到一起。

单击该按钮，图层样式将展开，可以在"图层"面板中清晰看到为该图层添加的图层样式，此时三角形图标指向上端，如右图所示。

3.5.3 复制和删除图层样式

如果要重复使用一个已经设置好的样式，可以复制该图层样式。选中已添加图层样式的图层，执行"图层> 图层样式> 拷贝图层样式"命令，复制该图层样式，再选择需要粘贴图层样式的图层，执行"图层> 图层样式> 粘贴图层样式"命令即可完成复制。

复制图层样式的另一种方法是，选中已添加图层样式的图层，单击鼠标右键，在弹出的快捷菜单中执行"拷贝图层样式"命令，再选择需要粘贴图层样式的图层，单击鼠标右键，在弹出的快捷菜单中执行"粘贴图层样式"命令即可。

提示 按住组合键Ctrl+Alt的同时，将要复制图层样式的图层上的图层效果图标拖动到要粘贴的图层上，释放鼠标即可复制图层样式到其他图层中。

删除图层样式分为两种情况，一种是删除图层中运用的所有图层样式；另一种是删除图层中运用的部分图层样式。

（1）删除图层中运用的所有图层样式。具体操作方法是，将要删除的图层中的图层效果图标*fx*拖动到"删除图层"按钮🗑上，释放鼠标即可删除图层样式。

（2）删除图层中运用的部分图层样式。具体操作方法是，展开图层样式，选择要删除的其中一种图层样式，将其拖到"删除图层"按钮🗑上，释放鼠标即可删除该图层样式，而其他的图层样式依然保留，如右图所示。

3.5.4 隐藏图层样式

有时图像中的效果太过复杂，难免会扰乱画面，这时用户可以隐藏部分图层效果。隐藏图层效果有两种形式：一种是隐藏所有图层样式；另一种是隐藏当前图层的图层样式。

（1）隐藏所有图层样式。选择任意图层，执行"图层＞图层样式＞隐藏所有效果"命令，此时该图像文件中所有图层的图层样式将被隐藏。

（2）隐藏当前图层的图层样式。单击当前图层的图标👁，即可将当前层的图层样式隐藏。此外，还可以单击其中某一种图层样式前的图标👁，即只隐藏该图层样式，如右图所示。

实例07 为图像添加相框

01 启动 Photoshop CS6，打开实例文件 \03\ 实例07\ 添加相框 .jpg，如右图所示。

02 选择矩形工具，设置前景色，绘制矩形边框，如下图所示。

03 在"图层"面板中双击矩形图形缩览图，打开"图层样式"对话框，勾选"斜面和浮雕"复选框，在其选项面板的"结构"选项组中设置样式、方向及大小等参数，如下图所示。

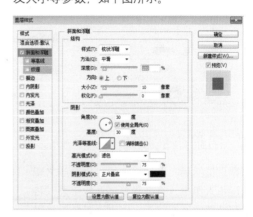

04 勾选"纹理"复选框，在其选项面板的"图案"选项组中设置纹理图案，并调整"缩放"和"深度"参数，完成后单击"确定"按钮，如下图所示。

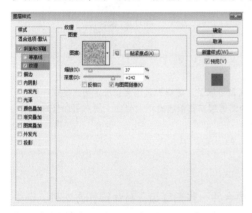

05 此时图像的黄色边框部分表现出带有纹理质感的相框效果，如下图所示。

3.6 通过图层组管理图层

在制作图像过程中有时候用到的图层数会很多，尤其在网页设计中，超过100层也是常见的。这会导致即使关闭缩览图，"图层"面板也会拉得很长，查找图层很不方便。为了解决这个问题，Photoshop提供了图层组功能，将图层归组可提高"图层"面板的使用效率。

3.6.1 新建和删除图层组

图层组就是将多个层归为一个组，可以在不需要操作时将其折叠起来，无论组中有多少图层，折叠后只占用相当于一个图层的空间，方便用户管理图层，节省工作时间以及提高效率。

单击"图层"面板底部的"创建新组"按钮 。新建图层组前有一个扩展按钮 ，单击该按钮，按钮呈 状态时即可查看图层组中包含的图层，再次单击该按钮即可将图层组折叠，如下左图所示。

对于不需要的图层组，用户可以删除。首先选择要删除的图层组，单击"删除图层"按钮 ，弹出如下右图所示的提示对话框。若单击"组和内容"按钮，则在删除组的同时还将删除组内的图层；若单击"仅组"按钮，则只删除图层组，而不删除组内的图层。

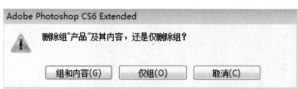

3.6.2 图层组的移动

新建图层组后，可在"图层"面板中将现有的图层拖入组中。选择需要移入的图层，将其拖动到新建的图层组上，当出现黑色双线时释放鼠标即可将图层移入图层组中。将图层移出图层组的方法与之相似。

此外，两个图层组中的图层也可以移动。选择需要移入到另一个图层组的图层，将图层拖动到另一个图层组上，出现黑色双线时释放鼠标即可，如右图所示。

提示 如果组中已经有图层存在，只需要拖动到组中的任意图层间的位置就可以了，这样同时也可以决定拖入的层在组中的层次。如果都拖动到组名称上，则先拖入的图层层次较高，后拖入的图层层次在前者之下。当然，用户可以任意改变组中图层的层次。

3.6.3 合并图层组

虽然利用图层组制作图像较为方便，但某些时候可能需要合并一些图层组。具体操作方法是，选中要合并的图层组，然后单击鼠标右键，在弹出的快捷菜单中执行"合并组"命令，即可将图层组中的所用图层合并为一个图层。

 ## 知识延伸：高级混合选项的设置

在Photoshop CS6中，图层之间除直接在"图层"面板中设置不透明度外，还可在"图层样式"对话框中进行高级混合选项设置。

单击"图层"面板底部的"添加图层样式"按钮 *fx*，从弹出的菜单中执行"混合选项"命令，弹出"图层样式"对话框，如右图所示，然后在"高级混合"选项组中进行相应的设置。

"高级混合"选项组中各选项的含义介绍如下。

- **将内部效果混合成组**：勾选该复选框，可用于控制添加内发光、光泽、颜色叠加、图案叠加、渐变叠加图层样式的图层的挖空效果。
- **将剪贴图层混合成组**：勾选该复选框，将只对裁切组图层执行挖空效果。
- **透明形状图层**：当添加图层样式的图层中有透明区域时，若勾选该复选框，则透明区域相当于蒙版。生成的效果若延伸到透明区域，则将被遮盖。
- **图层蒙版隐藏效果**：当添加图层样式的图层中有图层蒙版时，若勾选该复选框，生成的效果若延伸到蒙版区域，将被遮盖。
- **矢量蒙版隐藏效果**：当添加图层样式的图层中有矢量蒙版时，若勾选该复选框，生成的效果若延伸到矢量蒙版区域，将被遮盖。

上机实训：制作天空皓月

步骤 01 启动 Photoshop CS6，打开实例文件 \03\上机实训 \ 天空皓月 .jpg 素材，如下图所示。

步骤 02 新建图层，选择椭圆椭圆选区工具，绘制圆形，并填充白色，如下图所示。

步骤 03 按组合键 Ctrl+D 取消选区，单击"图层"面板底部的"添加图层样式"按钮，执行"外发光"命令，弹出"图层样式"对话框，如下图所示。

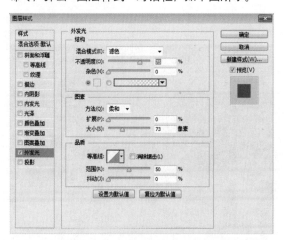

步骤 04 切换到"内阴影"选项面板，设置参数，设置完成后单击"确定"按钮，如下图所示。

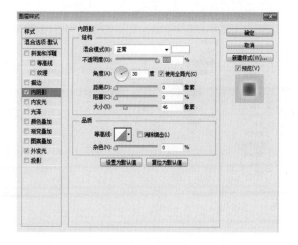

步骤 05 此时，图像已经添加了图层样式，效果如下图所示。

步骤 06 按住 Ctrl 键的同时单击月亮所在图层，将图像载入选区，如下图所示。

步骤 07 执行"滤镜 > 渲染 > 云彩"命令，添加滤镜效果，如下图所示。

步骤 08 为了使图形更像球体，执行"滤镜 > 扭曲 > 球面化"命令，数量设置 100%，单击"确定"按钮，如下图所示。

步骤 09 选中图形，单击"图层"面板底部的"添加图层样式"按钮，执行"渐变叠加"命令，弹出"图层样式"对话框，设置参数，如左图所示。

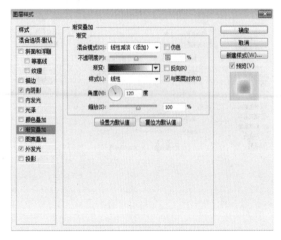

步骤 10 设置完成后单击"确定"按钮，最终效果如下图所示。

课后练习

1. 选择题

(1) 关于以下图层编辑的命令,正确的是_____。

    A. 在图象所有图层都显示的状态下,按Alt键单击该层旁的眼睛图标,则只显示当前图层

    B. 复制图层的命令不可以由当前图层创建一个新文件,或将其复制到其他打开的图象文件中

    C. 图层组中的各个图层可以分别复制到其他文件中,但图层组不能被整个复制

    D. 不在同一个图层组内的图层不可以链接在一起

(2) 要使某图层与其下面的图层合并可按_____键。

    A. Ctrl+K   B. Ctrl+E

    C. Ctrl+D   D. Ctrl+L

(3) 下面有关 "图层" 面版中的不透明度与填充之间的描述不正确的是_____。

    A. 不透明度将对整个图层中的所有像素起作用

    B. 填充只对图层中填充像素起作用

    C. 不透明度不会影响到图层样式效果,如投影效果等

    D. 填充不一定会影响到图层样式效果,如图案叠加效果等

(4) 盖印图层的快捷键是_____。

    A. Ctrl+Shift+E   B. Ctrl+Shift+Alt+E

    C. Ctrl+Alt+E   D. Ctrl+Shift+Alt+J

2. 填空题

(1) 在Photoshop CS6中,常见的图层类型包括普通图层、背景图层、_____、蒙版图层、_____以及调整图层等。

(2) 对齐图层是指将两个或两个以上图层按一定规律进行_____,以当前图层或选区为基础,在相应方向上对齐。

(3) 合并可见图层就是将图层中可见的图层合并到一个图层中,而_____保持不动。

(4) 图层的_____直接影响图层上图像的_____,对其进行调整可淡化当前图层中的图像,使图像产生虚实结合的透明感。

3. 上机题

打开Photoshop,输入文本,利用图层样式制作如下图所示的水晶文字。

 Chapter 文本的应用

本章概述

在Photoshop中，文字是一种特殊的图像结构，它由像素组成，与当前图像具有相同的分辨率。当字符放大时会有锯齿，同时又具有基于矢量边缘的轮廓。本章将对文本的应用进行详细介绍。

核心知识点

❶ 熟练使用横排文字工具和直排文字工具输入文字
❷ 掌握文字的行距、间距、垂直和水平缩放等格式的设置操作
❸ 掌握栅格化文字、变形文字以及沿路径绕排文字的操作

4.1 文字的输入

文字是设计中不可或缺的元素之一，它能辅助图像传递相关信息。使用Photoshop对图像进行处理，若能适当地在图像中添加文字，则能让图像的画面感更完善。

4.1.1 认识文字工具组

在Photoshop CS6中，文字工具包括横排文字工具、直排文字工具、横排文字蒙版工具和直排文字蒙版工具。右击横排文字工具或在该按钮上按住左键不放，即可显示出该工具组，如右图所示。

横排文字工具是最基本的文字工具，用于一般横行文字的处理，输入方式从左至右；垂直文字工具与横排文字工具类似，但其排列方式为竖排式，输入方向为由上至下；横排文字蒙版工具可创建出横排的文字选区，使用该工具时图像上会出现一层红色蒙版；垂直文字蒙版工具与横排文字蒙版工具效果一样，只是方向为竖排文字选区。

T 横排文字工具	T
↓T 直排文字工具	T
T 横排文字蒙版工具	T
↓T 直排文字蒙版工具	T

选择文字工具后，将在属性栏中显示该工具的属性参数，包括多个按钮和选项设置，如下图所示。

各选项含义介绍如下。
- **"切换文本取向"按钮**：单击该按钮即可实现文字横排和直排之间的转换。
- **"设置字体"下拉列表**：用于设置文字字体。
- **"设置字体样式"下拉列表** Regular |▼ ：用于设置文字加粗、斜体等样式。
- **"设置字体大小"选项**：用于设字体大小，默认单位为点，即像素。
- **"设置消除锯齿的方法"选项**aa：用于设置消除文字锯齿的模式。
- **对齐按钮组**：用于快速设置文字对齐方式，从左到右依次为左对齐、居中对齐和右对齐。
- **"设置文本颜色"色块**：单击色块，打开"拾色器"对话框，在其中设置文本颜色。
- **"创建文字变形"按钮**：单击该按钮，将打开"变形文字"对话框，在其中可设置其变形样式。
- **"切换字符和段落面板"按钮**：单击该按钮即可快速打开"字符"面板和"段落"面板。

4.1.2 输入水平与垂直文字

选择一种文字工具，在属性栏中设置字体和字号，然后单击图像，此时出现相应的文本插入点，输入文字即可。文本的排列方式包含横排和直排两种。使用横排文字工具可以在图像中从左到右输入水平方向的文字，使用直排文字工具可以在图像中输入垂直方向的文字，如下图所示。输入完成后，按组合键Ctrl+Enter或者单击文字图层即可。

如果需要调整已经创建好的文本排列方式，可以单击属性栏中的"切换文本取向"按钮，或者执行"文字>取向（水平或垂直）"命令即可。

提示 在输入文字时，若输入文字有误或需要更改文字，可按退格键将输入的文字逐个删除，或者单击属性栏中的"取消所有当前编辑"按钮可以取消文字的输入。

4.1.3 输入段落文字

若需要输入的文字内容较多，可通过创建段落文字的方式来输入，方便对文字进行管理并对格式进行设置。

选择文字工具，将光标移动到图像窗口中，按住鼠标左键并拖动光标，在图像窗口中拉出一个文本框。文本插入点会自动插入到文本框前端，然后在文本框中输入文字，当文字到达文本框的边界时会自动换行。如果需要分段，按Enter键即可，如下图所示。

若开始绘制的文本框较小，导致输入的文字内容不能完全显示在文本框中，可将光标移动到文本框四周的控制点上拖曳光标以调整文本框大小，使文字全部显示在文本框中。

提示 缩放文本框时，其中的文字会根据文本框的大小作自动调整。如果文本框无法容纳输入的文本，其右下角的方形控制点中会显示一个符号田。

4.1.4 输入文字型选区

文字型选区即沿文字边缘创建的选区，选择横排文字蒙版工具或直排文字蒙版工具可以创建文字选区，如下图所示。使用文字蒙版工具创建选区时，"图层"面板中不会生成文字图层，因此输入文字后，不能再编辑该文字内容。

文字蒙版工具与文字工具的区别在于，使用它可以创建未填充颜色的以文字为轮廓边缘的选区。用户可以为文字型选区填充渐变颜色或图案，制作出更多的文字效果。

实例08 为图像添加文字效果

01 执行"文件>打开"命令，打开实例文件\04\实例8\添加文字效果.jpg图像，如右图所示。

02 选择直排文字蒙版工具，在属性栏中设置文字的字体和字号，并在图像中单击，定位文本插入点，输入文本，如右图所示。

03 单击属性栏中的"提交所有当前编辑"按钮✔，退出蒙版编辑状态，文字自动转换为选区。

04 选择渐变工具，在属性栏中单击渐变色块，弹出"渐变编辑器"对话框，设置渐变颜色，单击"确定"按钮，如下图所示。

05 新建图层，在图像的文字型选区中拖曳光标绘制渐变，按下组合键 Ctrl+D 取消选区，如下图所示。

06 调整文本位置，添加"斜面和浮雕"图层样式，效果如下图所示。

4.2 文字格式和段落格式

在Photoshop CS6中，无论是点文字还是段落文字，用户可以根据需要设置文字的类型、大小、字距、基线移动以及颜色等属性，使文字更贴近用户想表达的主题，使整个画面的版式更具艺术性。

4.2.1 认识字符面板

单击"切换字符和段落面板"按钮▤，弹出"字符"面板，如右图所示。在该面板中有对文字设置更多的选项，例如行间距、竖向缩放、横向缩放、比例间距和字符间距等。

下面主要介绍面板中主要选项的功能。

● **"设置行距"** ▤**下拉列表**：用于设置输入文字行与行之间的距离。

● **"设置所选字符的字距调整"** ▤**下拉列表**：用于设置字与字之间距离。

● **"设置所选字符的比例间距"** ▤**下拉列表**：用于设置文字字符间的比例间距，数值越大字距越小。

● **"垂直缩放"** ▤**数值框**：用于设置文字垂直方向上缩放大小，即高度。

● **"水平缩放"** ▤**数值框**：用于设置文字水平方向上缩放大小，即宽度。

- ●"设置基线偏移"**Aₐ**数值框：用于设置文字在默认高度基础上向上（正）或向下（负）的偏移。
- ●文字效果按钮组**T *T* TT Tᵣ T' T₁ T T̶**：单击相应按钮即可为文字添加一定的特殊效果。包括仿粗体、仿斜体、全部大写字母 、小型大写字母 、上标、下标、下划线和删除线8种。

4.2.2 设置文字格式

在作品设计中，如果只是输入文本会使文字版面很单调，用户可以对文本格式进行设置。文字格式包括文字的行距、间距、垂直和水平缩放等。

1. 选择文字

若要修改文本，首先要选择文本。在"图层"面板中双击文字图层的缩览图即可选择全部文字，如下左图所示。若要选择部分文字，则应先选择文字工具，将光标移动到需要选择的文字开始处单击并拖动鼠标，此时被选择的文字呈反色显示，如下右图所示。

2. 调整间距

调整间距一般有两种方式：一种是设置所选字符的字距调整；另一种是设置所选字符的比例间距。

选择要调节字符间距的文本，在"字符"面板"设置所选字符的字距调整"████下拉列表中选择字符间距的数值即可调整字符间距。数值越大，字符间距增加；数值越小，字符间距减少。如下图所示参数分别为0、-150和200的文字效果。

设置所选字符的比例间距与设置所选字符的字距调整方法相似。选择需要调整的文字后，在"字符"面板"设置所选字符的比例间距"下拉列表中选择比例间距的百分比即可对文字的比例间距进行调整。

3. 调整行距

行距即文字行与行之间的距离。默认情况下行距为"自动"。调整行距的具体操作方法如下。

选择要调整行距的文本，在"字符"面板的"设置行距"中选择或输入数值即可对行距进行调整。如下图所示行距分别为自动、10点和24点的文字效果。

4. 调整垂直和水平缩放

文字的垂直缩放即文字在垂直方向上的大小比例变动。水平缩放即文字在水平方向上的大小比例变动。输入文字后可对全部文字或部分文字进行高度或宽度的调整。具体操作方法如下。

选中需要调整字符水平或垂直缩放比例的文本，在"字符"面板中的"垂直缩放"文本框或"水平缩放"文本框中输入数值即可缩放所选的文本。如下图所示为调整部分文字的水平缩放为140%和垂直缩放为200%的文字效果。

4.2.3 设置文字效果

在制作图像时，往往一些独特的文字效果更加吸引人的注意。通过改变文字的颜色，为文字添加粗体、斜体或全部转换为大写，以及为文字添加上标、下标、下划线或删除线等，能让文字效果更丰富多彩。

1. 调整文字颜色

调整文字颜色既可以设置整个文本的颜色，也可以针对单个字符。设置文字颜色的具体方法如下。

选择需要调整颜色的文字，在属性栏中单击颜色色块，在弹出的"拾色器"对话框中设置颜色。也可以在"字符"面板的"颜色"中设置文字颜色，如下图所示。

> **提示** 如果单独设置了某个字符的颜色，那么当选择该文字图层时属性栏中的颜色缩览图将显示为"？"。

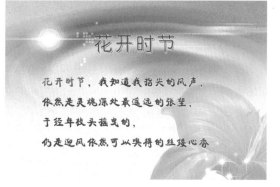

2. 添加文字效果

在Photoshop CS6中，单击"字符"面板的文字效果按钮组 **T** *T* TT Tr T¹ T₁ T̲ 中按钮即可为文字添加相应的特殊效果。这些文字样式可以重复使用，且能同时应用多种样式，如下图所示。

4.2.4 设置段落格式

设置段落格式包括设置文字的对齐方式和缩进方式等，不同的段落格式具有不同的文字效果。段落格式的设置主要通过"段落"面板来实现，执行"窗口>段落"命令，打开"段落"面板，如右图所示。在面板中单击相应的按钮或输入数值即可对文字的段落格式进行调整。

在"段落"面板中，各主要选项的含义介绍如下。

- **"对齐方式"按钮组**：从左到右依次为"左对齐文本"、"居中对齐文本"、"右对齐文本"、"最后一行左对齐"、"最后一行居中对齐"、"最后一行右对齐"和"全部对齐"。
- **"缩进方式"按钮组**："左缩进" ⁺┋（段落的左边距离文字区域左边界的距离）、"右缩进" ┋⁺（段落的右边距离文字区域右边界的距离）、"首行缩进" ⁺┋（每一段的第一行留空的距离）。
- **"添加空格"按钮组**："段前添加空格" ⁺┋（设置当前段落与上一段的距离）、"段后添加空格" ₊┋（设置当前段落与下一段落的距离）。
- **"避头尾法则设置"列表**：用于将换行集设置为宽松或严格。
- **"间距组合设置"列表**：用于设置内部字符集间距。
- **"连字"复选框**：勾选该复选框可将行末文字的英文单词拆开，形成连字符号，而剩余的部分则自动换到下一行。

实例09 制作圣诞卡片

01 执行"文件>打开"命令，打开实例文件\04\ 实例9\制作圣诞卡片.jpg图像，如下图所示。

02 选择文字工具，在属性栏中设置字体和大小，输入文本，如下图所示。

03 选择文本，单击属性栏中的颜色色块，弹出"拾色器"对话框，为文本设置颜色（根据用户喜好设置），如下图所示。

04 选择文字工具，在属性栏中设置字体和大小，在左下方输入文本，如下图所示。

05 选择文本，单击属性栏中的"居中对齐文本"按钮，然后设置文本颜色，如下图所示。

06 使用移动工具，调整文本位置，为文字添加"投影"图层样式，效果如下图所示。

4.3 文字的编辑

利用Photoshop CS6文字工具输入文字后，还可以对文字进行一些更为高级的编辑操作，例如更改文本的排列方式、变形文字以及沿路径绕排文字等。

4.3.1 更改文本的排列方式

文本的排列方式有横排文字和直排文字两种，这两种排列方式是可以相互转换的。首先选择要更改排列方式的文本，在属性栏中单击"更改文本方向"按钮或者执行"文字>取向（水平或垂直）"命令即可实现文字横排和直排之间的转换。

4.3.2 转换点文字与段落文字

点文字是Photoshop中的一种文字输入方式。当要输入少量的文字，例如一个字、一行或一列文字时，可以使用点文字类型。当文本较多时，可先选择文字工具，拖曳一个文本框，在文本框中输入文字，这种文字称为段落文字。

若要将点文字转换为带文本框的段落文字，只需执行"文字> 转换为段落文本"命令即可。同样，执行"文字>转换为点文本"命令，则可将段落文本转换为点文本。

4.3.3 栅格化文字图层

文字图层是一种特殊的图层，它具有文字特性，可对文字的大小和字体等进行修改，但如果要在文字图层上进行绘制、应用滤镜等操作，就需要将文字图层转化为普通图层，即文字图层的栅格化，如右图所示。

栅格化后的文字图层可以应用各种滤镜效果，文字图层以前所应用的图层样式并不会因转换而受到影响。但文字图层栅格化后无法再对文字进行字体的更改。

栅格化文字图层主要有两种方法。

- 选中文字图层，执行"图层> 栅格化> 文字"命令或者执行"文字>栅格化文字图层"命令即可，如下左图所示。
- 选中文字图层，在图层名称上单击鼠标右键，在弹出的快捷菜单中执行"栅格化文字"命令即可，如下右图所示。

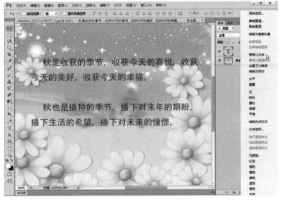

4.3.4 将文字转换为工作路径

　　在图像中输入文字后，选择文字图层，单击鼠标右键，在弹出的快捷菜单中执行"创建工作路径"命令或执行"文字>创建工作路径"命令，即可将文字转换为文字形状的路径。

　　转换为工作路径后，可以使用路径选择工具对文字路径进行移动，调整工作路径的位置。同时还能通过按下组合键Ctrl+Enter将路径转换为选区，让文字在文字型选区、文字型路径以及文字型形状之间相互转换，变换出更多效果，如下图所示。

提示▶ 将文字转换为工作路径后，原文字图层保持不变并可继续进行编辑。

4.3.5 变形文字

　　变形文字即对文字的水平形状和垂直形状做出调整，让文字效果更多样化。

　　Photoshop CS6为用户提供了15种文字的变形样式，分别为扇形、下弧、上弧、拱形、凸起、贝壳、花冠、旗帜、波浪、鱼形、增加、鱼眼、膨胀、挤压和扭转，使用这些样式可以创建多种艺术字体。

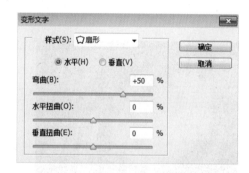

　　执行"文字>文字变形"命令或单击工具属性栏中的"创建文字变形"按钮，打开如右图所示的"变形文字"对话框。

　　其中，"水平"和"垂直"单选按钮主要用于调整变形文字的方向；"弯曲"参数用于指定对图层应用的变形程度；"水平扭曲"和"垂直扭曲"参数用于对文字应用透视变形。结合"水平"和"垂直"方向上的控制以及弯曲度的协助，可以为图像中的文字增加许多效果。如下图所示分别为扇形和凸起变形的文字效果。

提示▶ 变形文字功能只针对整个文字图层而不能单独针对某些文字。如果要制作多种文字变形混合的效果，可以将文字分别输入到不同的文字图层中，然后分别设定变形。

4.3.6 沿路径绕排文字

　　沿路径绕排文字的实质就是让文字跟随路径的轮廓形状进行自由排列，该功能有效地将文字和路径结合，在很大程度上扩充了文字带来的图像效果。选择钢笔工具或形状工具，在属性栏中选择"路径"选项，在图像中绘制路径，然后使用文本工具，将光标移至路径上方，当光标变为形状 工 时，单击路径，此时光标自动吸附到路径上，即可输入文字。按组合键Ctrl+Enter确认，即得到文字按照路径走向排列的效果，如下图所示。

实例10 为广告图像添加文字

01 执行"文件 > 打开"命令，打开实例文件 \ 04 \ 实例 10\ 为广告图像添加文字 .jpg 图片，如下图所示。

02 选择文字工具，设置字体和大小，输入文本，如下图所示。

03 按住 Ctrl 键单击文字图层将文字载入选区，执行"选择 > 修改 > 收缩"命令，设置"收缩量"为 7 像素，单击"确定"按钮，然后将选区转化为路径，如下图所示。

04 选择画笔工具，打开"画笔"面板，设置参数，如下图所示。

05 新建图层，切换到"路径"面板，单击"用画笔描边路径"按钮，效果如下图所示。

06 新建图层，右击文字路径，在弹出的快捷菜单中执行"描边路径"命令，弹出"描边路径"对话框，选择铅笔工具，单击"确定"按钮，效果如下图所示。

07 新建图层，将文字载入选区，选择渐变工具，绘制渐变图层，如下图所示。

08 将文字载入选区，执行"选择 > 修改 > 扩展"命令，设置"扩展量"为 7 像素，单击"确定"按钮，如下图所示。

09 新建图层，执行"编辑 > 描边"命令，弹出"描边"对话框，设置像素为 3，单击"确定"按钮，效果如下图所示。

10 调整大小及位置，最终效果如下图所示。

知识延伸：消除文字锯齿

　　消除文字锯齿是指在文字边缘位置适当地填充一些像素，使文字边缘平滑过渡到背景中。简单来说，设置其可以控制字体边缘是否带有羽化效果。具体操作方法如下。

　　选择文本，在工具栏中选择文字工具，在工具属性栏中的"设置消除锯齿的方法"下拉列表框中根据需要选择"无"、"锐利"、"犀利"、"浑厚"或"平滑"即可。一般来说，字号较小的文本应该关闭消除抗锯齿选项，因为较小的文字本身笔画就较细，在较细的部位羽化容易丢失细节，所以关闭消除抗锯齿选项有利于清晰地显示文字。

　　若文本字号较大，则应开启该选项以得到光滑的边缘，这样文字看起来较为柔和。如下图所示分别为关闭消除锯齿和开启消除锯齿效果的对比。

上机实训：制作火焰裂纹文字

步骤 01 启动 Photoshop CS6，打开实例文件 \ 04 \ 上机实训 \ 裂纹 .png 图像，如下图所示。

步骤 02 选择文字工具，设置字体和颜色，输入文本，如下图所示。

步骤 03 双击文字图层，打开"图层样式"面板，切换到"投影"选项面板，设置参数，如下图所示。

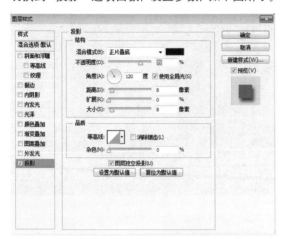

步骤 05 切换到"外发光"选项面板，设置参数，如下图所示。

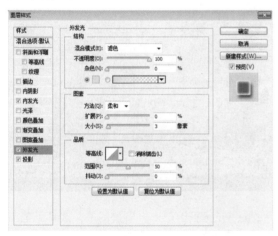

步骤 07 复制文字图层，双击复制的图层，打开"图层样式"面板，在"斜面和浮雕"选项面板中设置参数，如下图所示。

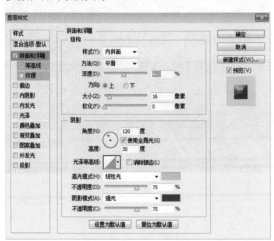

步骤 04 切换到"内发光"选项面板，设置参数，如下图所示。

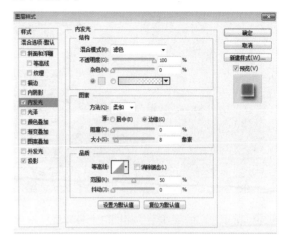

步骤 06 设置完成后，单击"确定"按钮，图层效果如下图所示。

步骤 08 设置完成后单击"确定"按钮，效果如下图所示。

步骤 09 打开图像素材"裂纹 (1)"，使用移动工具将其拖入图像中，如下图所示。

步骤 10 设置其混合模式为"正片叠底"，如下图所示。

步骤 11 按住 Ctrl 键单击字体图层，将文字载入选区，按 Ctrl+Shift+I 反选，选择"裂纹 (2)"图像所在图层，然后按 Delete 键删除多余部分，如下图所示。

步骤 12 选择文字图层，单击右键，在弹出的快捷菜单中执行"创建工作路径"命令，如下图所示。

步骤 13 新建图层，选择画笔工具，设置画笔形状，在"路径"面板中右击路径，在弹出的快捷菜单中执行"描边路径"命令，对路径进行描边，如下图所示。

步骤 14 在背景图层上方新建图层，选择画笔工具，设置画笔参数，为图像添加点缀，效果如下图所示。

课后练习

1. 选择题

(1) 在图像窗口中输入文本，应使用_____工具。
    A. 画笔工具　　　　　　　　　　B. 渐变工具
    C. 文字工具　　　　　　　　　　D. 历史纪录画笔工具

(2) 下列哪个操作不能用文字属性栏中提供的功能来实现_____。
    A. 设置文字的字体　　　　　　　B. 设置文字的阴影效果
    C. 改变文字的颜色　　　　　　　D. 制作扇形文字

(3) 用于设置文字字与字之间距离的是_____。
    A. 设置行距　　　　　　　　　　B. 比例间距
    C. 字距调整　　　　　　　　　　D. 基线偏移

(4) 文字变形命令中不包括_____。
    A. 贝壳　　　　　　　　　　　　B. 鱼眼
    C. 旗帜　　　　　　　　　　　　D. 透视

2. 填空题

(1) 在Photoshop CS6中，文字工具包括横排文字工具、_____、横排文字蒙版工具和_____。

(2) 使用文字蒙版工具创建选区时，"图层"面板中不会生成_____，因此输入文字后，不能再编辑该文字内容。

(3) 设置段落格式包括设置文字的_____和_____等，不同的段落格式具有不同的文字效果。

(4) 文字的栅格化即是将文字图层转换成_____。

(5) 沿路径绕排文字的实质就是让文字跟随_____的轮廓形状进行自由排列。

3. 上机题

打开Photoshop CS6，输入文本，利用图层样式，载入选区、描边路径等功能制作如下图所示的艺术文字。

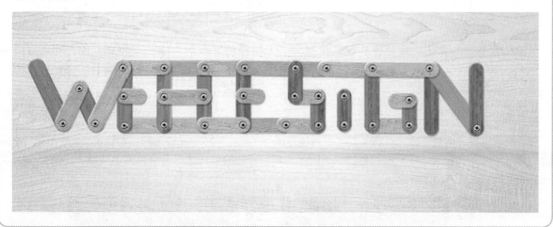

Chapter 05 图像色彩的调整

本章概述

在制作图像的过程中，有时需要对图像进行调整，以达到用户希望的色调。合理设置颜色能够使黯淡的图像光彩照人，使毫无生气的图像充满活力，使图像显得更加绚丽。

核心知识点

① 熟悉常见颜色模式间相互转换的方法

② 熟练使用亮度/对比度、色阶、曲线、色彩平衡、色相/饱和度等命令对图像进行初步色彩调整

③ 掌握替换颜色、通道混合器、去色、阈值和渐变映射等命令的使用方法与技巧

5.1 掌握图像的颜色模式

要对图像色彩进行调整，应先对图像颜色模式有所了解。在Photoshop中，记录图像颜色的方式就是颜色模式。

5.1.1 认识常见的颜色模式

Photoshop为用户提供了9种颜色模式，即RGB模式、CMYK模式、HSB模式、Lab颜色模式、位图模式、灰度模式、索引颜色模式、双色调模式和多通道模式。

常用的颜色模式主要有以下几种。

1. RGB模式

该模式是Photoshop默认的图像模式，它将自然界的光线视为由红（Red）、绿（Green）、蓝（Blue）3种基本颜色组合而成。因此它是 24（8×3）位／像素的三通道图像模式。RGB颜色能准确地表述屏幕上颜色的组成部分，但它却无法让我们在修描、绘图和编辑时快速、直观地指定一个颜色阴影或光泽的颜色成分，如下左图所示。

2. CMYK模式

该模式是一种基于印刷处理的颜色模式。由于印刷机采用青（Cyan）、洋红（Magenta）、黄（Yellow）、黑（Black）4 种油墨来组合出一幅彩色图像，因此CMYK模式就由这4 种用于打印分色的颜色组成。它是 32（8×4）位／像素的四通道图像模式，如下右图所示。

3. 索引颜色模式

该模式也称为映射颜色。在这种模式下只能存储一个8bit 色彩深度的文件，即最多256 种颜色，而且颜色都是预先定义好的。尽管其调色板很有限，但索引颜色能够在保持多媒体演示文稿、Web 页等所需视觉品质的同时，减小文件大小。

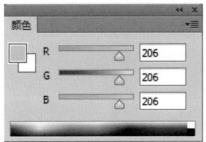
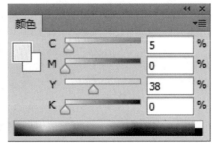

5.1.2 颜色模式之间的转换

在Photoshop CS6中，各种颜色模式之间可以相互转换。执行"图像>模式"命令，在弹出的级联菜单中执行相应的命令即可将图像转换为指定的颜色模式，如下图所示。

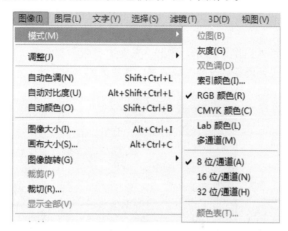

> **提示** Lab 颜色模式是由亮度或光亮度分量（L）和两个色度分量组成。两个色度分量分别是a分量（从绿色到红色）和b分量（从蓝色到黄色）。它主要影响着色调的明暗。

5.2 图像色彩的简单调整

色彩是构成图像的重要元素之一，通过调整图像色彩，能赋予图像不同的视觉感受和各种风格，让图像呈现全新的面貌。学会使用色彩调整命令对图像的亮度、对比度和色阶等进行调整，能够很好地控制图像的色彩和色调，制作完美的图像效果。

5.2.1 认识自动调色命令

Photoshop CS6中的自动调色命令包括自动色调、自动对比度和自动颜色命令。选择菜单栏中的"图像"命令，可以看到这些命令，如右图所示。选择这些命令后，系统将自动通过搜索实际图像来调整图像的对比度和颜色，使其达到一种协调状态。如下图所示分别为执行自动色调、自动对比度和自动颜色命令后的效果图。

> **提示** "自动对比度"命令不会单独调整通道，因此不会引入或消除色痕，它剪切图像中的阴影和高光值后将图像剩余部分的最亮和最暗像素映射到纯白和纯黑，使高光更亮，阴影更暗。

5.2.2 亮度/对比度命令

亮度即图像的明暗，亮度/对比度命令可以对图像进行亮度变更的处理，也可以通过调整对比度删减中间像素的色彩值，来加强图像的对比程度，范围越大对比越强，反之越小。"亮度/对比度"命令可以增加或降低图像中的低色调、半色调和高色调图像区域的对比度，将图像的色调增亮或变暗，可以一次性地调整图像中所有的像素。

执行"图像>调整>亮度/对比度"命令，弹出"亮度/对比度"对话框，如下图所示。在该对话框中可以对亮度和对比度的参数进行调整，改变图像效果，其效果如下图所示。

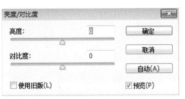

5.2.3 色阶命令

色阶是表示图像亮度强弱的指数标准，即色彩指数。图像的色彩丰满度和精细度是由色阶决定的。执行"图像>调整>色阶"命令，或者按组合键Ctrl+L，弹出"色阶"对话框，从中可以设置"通道"、"输入色阶"和"输出色阶"的参数，调整图像的效果，如下右图所示。

在该对话框中，各选项的含义介绍如下。

- 预设：Photoshop CS6对一些常见调整做了预先设定，如较暗、较亮、中间调较亮等，直接选择相应的预设可快速调整图像颜色。
- 通道：不同颜色模式的图像，在其通道下拉列表中显示相应的通道，用户可以根据需要调整整体通道或者单个通道。
- "输入色阶"选项组：黑、灰、白滑块分别对应3个文本框，依次用于调整图像的暗调、中间调和高光。
- "输出色阶"选项组：用于调整图像的亮度和对比度，与其下方的两个滑块对应。黑色滑块表示图像的最暗值，白色滑块表示图像的最亮值，拖动滑块调整最暗值和最亮值，从而实现亮度和对比度的调整。如下中图和下左图所示为调整绿通道前后的效果。

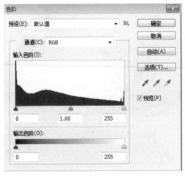

提示 在"色阶"对话框中，勾选"预览"复选框，可以在调整的同时看到图像的变化。

5.2.4 曲线命令

"曲线"命令是通过调整曲线的斜率和形状来实现对图像色彩、亮度和对比度的综合调整，使图像色彩更加协调。功能与"色阶"命令类似，不同的是，曲线的调整范围更为精确，不但具有多样且不破坏像素色彩的特性，更可以选择性地单独调整图像上某一区域的像素色彩。

执行"图像 > 调整 > 曲线"命令或按下组合键Ctrl+ M，打开"曲线"对话框，如右图所示。

- **预设**：Photoshop CS6已对一些特殊调整做了设定，选择相应选项即可快速调整图像。
- **通道**：选择需要调整的通道。
- **曲线编辑框**：曲线的横轴表示原始图像的亮度，即图像的输入值；纵轴表示处理后新图像的亮度，即图像的输出值；曲线的斜率表示相应像素点的灰度值。单击曲线可创建控制点。
- **"编辑点以修改曲线"按钮**：表示可以拖动曲线上控制点的方式来调整图像。
- **"通过绘制来修改曲线"按钮**：单击该按钮后将光标移到曲线编辑框中，当其变为形状时单击鼠标并拖动，绘制需要的曲线来调整图像。
- **按钮**：控制曲线编辑框中曲线的网格数量。
- **"显示"选项组**：包括"通道叠加"、"基线"、"直方图"和"交叉线"4个复选框，只有勾选这些复选框才会在曲线编辑框里显示3个通道叠加以及基线、直方图和交叉线的效果。如下图所示为调整曲线前后的效果图。

 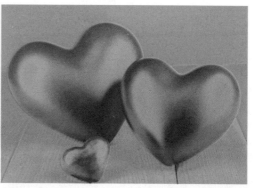

> **提示** 调整曲线时，曲线上节点的值显示在输入和输出栏内。按住Shift键可选中多个节点，按Ctrl键单击节点可将其删除。

5.2.5 色彩平衡命令

色彩平衡是指调整图像整体色彩的平衡，只作用于复合颜色通道。在彩色图像中改变颜色的混合，用于纠正图像中明显的偏色问题。使用"色彩平衡"命令可以在图像原色的基础上根据需要来添加其他颜色，或通过增加某种颜色的补色，以减少该颜色的数量，从而改变图像的色调。

执行"图像>调整>色彩平衡"命令或者按组合键Ctrl+B，弹出"色彩平衡"对话框，从中可以通过设置参数或拖动滑块来控制图像色彩的平衡，如下图所示。

在"色彩平衡"对话框中，各选项含义介绍如下。

- **"色彩平衡"选项组**：在"色阶"后的文本框中输入数值即可调整组成图像的6个不同原色的比例，用户也可直接拖动文本框下方3个滑块位置来调整图像的色彩。
- **"色调平衡"选项组**：用于选择需要进行调整的色彩范围。包括暗调、中间调和高光，选择某一个单选按钮，就可对相应色调的像素进行调整。勾选"保持亮度"复选框，调整色彩时将保持图像亮度不变。如下中图和下右图所示为调整色彩平衡前后效果图。

5.2.6 色相/饱和度命令

"色相/ 饱和度"命令主要用于调整图像像素的色相及饱和度，通过对图像的色相、饱和度和亮度进行调整，达到改变图像色彩的目的，还可以通过给像素定义新的色相和饱和度，实现灰度图像上色的功能，或创作单色调效果。

执行"图像>调整>色相/饱和度"命令或者按组合键Ctrl+U，打开"色相/饱和度"对话框，如下图所示。

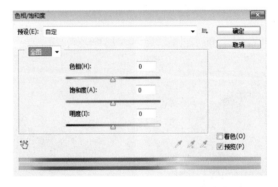

在该对话框中，若选择"全图"选项，可一次调整整幅图像中的所有颜色。若选择除"全图"选项之外的选项，则色彩变化只对当前选中的颜色起作用。若勾选"着色"复选框，则通过调整色相和饱和度，能让图像呈现多种富有质感的单色调效果。如下图所示为图像进行"色相/饱和度"调整的效果图。

01 打开实例文件\ 05 \实例11\1.jpg图像，如下图所示。

03 此时在图像中可以看到，经过色阶的调整图像变亮，如下图所示。

05 此时在图像中可看出，图像颜色从灰暗色调变为青黄色调，图像的颜色得到调整，如右图所示。

02 按下组合键 Ctrl+L，打开"色阶"对话框，在该对话框中拖动滑块以调整参数，单击"确定"按钮，如下图所示。

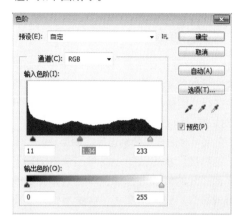

04 按组合键 Ctrl+B，打开"色彩平衡"对话框，拖动滑块以调整参数，单击"确定"按钮，如下图所示。

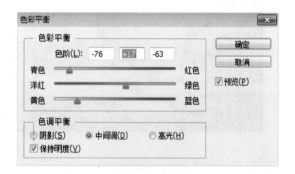

5.3 图像色彩的进阶调整

色彩对于图像来说非常重要，可以说是图像的生命。在Photoshop CS6中还可以通过变化、匹配颜色、替换颜色、可选颜色、通道混合器、阴影/高光等命令对整幅图像的色彩或图像中的单独一种色彩进行调整。

5.3.1 变化命令

"变化"命令可以让用户直观地调整图像或选取范围内图像的色彩平衡、对比度、亮度以及饱和度等。执行"图像> 调整> 变化"命令，打开"变化"对话框，如右图所示。

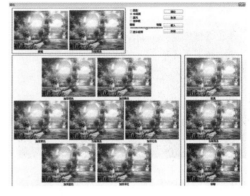

在"变化"对话框中分别选择"阴影"、"高光"和"饱和度"单选按钮，能对图像中的阴影部分或高光部分的细节进行调整以达到让图像效果更完善的目的。使用"变化"命令不仅速度更快，而且还能调整图像细节部分的色调。如下图所示为使用"变化"命令前后对比效果图。

5.3.2 可选颜色命令

"可选颜色"命令可以校正颜色的平衡，选择某种颜色范围进行针对性修改，在不影响其他原色的情况下修改图像中的某种原色的数量。执行"图像>调整>可选颜色"命令，打开"可选颜色"对话框。用户可以根据需要在"颜色"下拉列表中选择相应的颜色，拖动其下的滑块做相应调整，如下左图所示。

在"可选颜色"对话框中，若选择"相对"单选按钮，则表示按照总量的百分比更改现有的青色、洋红、黄色或黑色的量；若选择"绝对"单选按钮，则按绝对值进行颜色值的调整。如下中图和下右图所示为调整可选颜色命令前后对比效果图。

5.3.3 替换颜色命令

　　"替换颜色"针对图像中某颜色范围内的图像进行调整，用其他颜色替换图像中的某个区域的颜色来调整色相、饱和度和明度值。简单来说，"替换颜色"命令可以视为一项结合了"色彩范围"和"色相/饱和度"功能的命令。

　　执行"图像>调整>替换颜色"命令，打开"替换颜色"对话框，如下左图所示。

　　具体操作方法是将光标移动到图像中需要替换颜色的图像上单击以吸取颜色，并在该对话框中设置"颜色容差"，在预览区中出现的为须要替换颜色的选区效果，呈黑白图像显示，白色代表替换区域，黑色代表不需要替换的颜色。设定好需要替换的颜色区域后，在"替换"选项组中移动三角形滑块对"色相"、"饱和度"和"明度"进行调整替换，同时可以移动"颜色容差"下的滑块进行控制，数值越大，模糊度越高，替换颜色的区域越大，如下中图和下右图所示为替换颜色前后对比效果图。

5.3.4 通道混合器命令

　　通道混合器可以将图像中某个通道的颜色与其他通道中的颜色进行混合，使图像产生合成效果，从而达到调整图像色彩的目的。通过对各通道彼此不同程度的替换，图像会产生戏剧性的色彩变换，赋予图像不同的画面效果与风格。

　　执行"图像> 调整> 通道混合器"命令，打开"通道混合器"对话框。可通过设置参数或拖动滑块来控制图像色彩，如下左图所示。

　　在该对话框中，各选项的含义介绍如下。

● **输出通道**：在该下拉列表中可以选择对某个通道进行混合。

● **"源通道"选项组**：拖动滑块可以减少或增加源通道在输出通道中所占的百分比。

● **常数**：将一个不透明的通道添加到输出通道，若为负值则为黑通道，正值则为白通道。

● **"单色"复选框**：勾选该复选框后对所有输出通道应用相同的设置，创建该色彩模式下的灰度图，也可继续调整参数让灰度图像呈现不同的质感效果。如下中图和下右图所示为通过通道混合器命令调整图像的前后对比效果图。

提示 通道混合器只能作用于RGB和CMYK颜色模式且在选择主通道时可使用。

5.3.5 匹配颜色命令

"匹配颜色"命令实质是在基元相似性的条件下，运用匹配准则搜索线条系数作为同名点进行替换，使用"匹配颜色"命令可以快速修正图像偏色等问题。

执行"图像> 调整> 匹配颜色"命令，打开"匹配颜色"对话框。调整参数后单击"确定"按钮即可，如右图所示。

在使用"匹配颜色"命令对图像进行处理时，勾选"中和"复选框可以使颜色匹配的混合效果有所缓和，在最终效果中将保留一部分原先的色调，使其过渡自然，效果逼真。如下图所示为使用匹配颜色命令前后对比效果图。

5.3.6 阴影/高光命令

"阴影/高光"命令不是简单地使图像变亮或变暗，而是根据图像中阴影或高光的像素色调增亮或变暗。该命令可以分别控制图像的阴影或高光，非常适合校正强逆光而形成剪影的照片，也适合校正由于太接近相机闪光灯而有些发白的焦点。

执行"图像> 调整> 阴影/ 高光"命令，打开"阴影/ 高光"对话框。在"阴影"选项组中调整阴影量，在"高光"选项组中调整高光量，单击"确定"按钮即可。如下图所示为使用阴影/高光命令前后对比效果图。

实例12 快速修善人物图像肤质

01 打开实例文件 \ 05 \ 实例 12\ 修善人物肤质 .png 图像，复制图层，如下左图所示。

02 选择套索工具，选择脸部暗处，设置羽化值为 20 像素，如下中图所示。

03 新建一个纯色图层，设置颜色为 #bfaca0，如下右图所示。

04 设置图层混合模式为"柔光"，复制颜色图层两次，根据需要分别调整不透明度，如下左图所示。

05 新建图层，按组合键 Ctrl+Shift+Alt+E 盖印可见图层，执行"图像 > 调整 > 曲线"命令，在曲线对话框中设置参数，单击"确定"按钮，如下中图所示。

06 经过调整，此时图像中人物的皮肤更具光亮的质感，如下右图所示。

 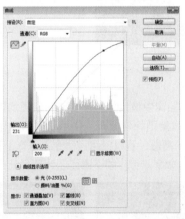 

5.4 图像色彩的特殊调整

在Photoshop CS6中，灵活利用去色、反相、色调均化、色调分离、阈值以及渐变映射等命令，可以快速使图像产生特殊的颜色效果。

5.4.1 去色命令

"去色"命令即去掉图像的颜色，将图像中所有颜色的饱和度变为0，使图像显示为灰度，但每个像素的亮度值不会改变。

执行"图像>调整>去色"命令或按组合键Shift+Ctrl+U即可去除图像的色彩。如下图所示为图像去色前后对比效果图。

5.4.2 反相命令

使用"反相"命令可以将图像中的所有颜色替换为相应的补色，即将每个通道中的像素亮度值转换为256种颜色的相反值，以制作出负片效果，当然也可以将负片效果还原为图像原来的色彩效果。

执行"图像>调整>反相"命令或按下组合键Ctrl+I即可。如下图所示为图像反相前后的图像对比效果。

5.4.3 色调均化命令

"色调均化"命令可以重新分布图像中像素的亮度值，以便更均匀地呈现所有范围的亮度级。其中最暗值为黑色，最亮值为白色，中间像素则均匀分布。使用"色调均化"命令，可以让画面的明度感得以平衡。一般处理扫描图像过于灰暗的问题，可以使用该命令来修饰处理。

执行"图像>调整>色调均化"命令即可，如下图所示为图像使用色调均化前后对比效果图。

5.4.4 色调分离命令

"色调分离"命令可以将图像中有丰富色阶渐变的颜色进行简化，从而让图像呈现出木刻版画或卡通画的效果。在一般的图像调色处理中不经常使用。

执行"图像>调整>色调分离"命令，打开"色调分离"对话框，拖动滑块调整参数，取值范围在2～255之间，数值越小，分离效果越明显。如下图所示为使用色调分离前后对比效果图。

5.4.5 阈值命令

"阈值"命令可以将一幅彩色图像或灰度图像转换成只有黑白两种色调的图像。执行"图像>调整>阈值"命令，打开"阈值"对话框，如下右图所示。在该对话框中可拖动滑块以调整阈值色阶，完成后单击"确定"按钮即可。

根据"阈值"对话框中的"阈值色阶"，将图像像素的亮度值一分为二，比阈值亮的像素将转换为白色，而比阈值暗的像素将转换为黑色。如下中图和下右图所示为使用阀值命令前后对比效果图。

5.4.6 渐变映射命令

"渐变映射"功能可以将相等的图像灰度范围映射到指定的渐变填充。即在图像中将阴影映射到渐变填充的一个端点颜色，高光映射到另一个端点颜色，而中间调映射到两个端点颜色之间。这里说的灰度范围映射，即指按不同的明度进行映射。

执行"图像>调整>渐变映射"命令，打开"渐变映射"对话框，单击渐变颜色条旁的下拉按钮，弹出"渐变样式"面板，用户可单击选择相应的渐变样式以确立渐变颜色，如下左图所示。

"渐变映射"功能首先分析所处理的图像，然后根据图像中各个像素的亮度，用所选渐变模式中的颜色进行替代。但该功能不能应用于完全透明图层，因为完全透明图层中没有任何像素。如下中图和下右图所示为图像应用渐变映射命令前后对比效果图。

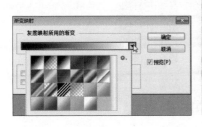  

01 启动 Photoshop CS6，打开实例文件 \ 05 \ 实例 13\3.jpg 图像，如下图所示。

02 执行"图像 > 调整 > 去色"命令，将图像去色，然后复制图层，如下图所示。

03 选择复制的图层，执行"图像 > 调整 > 反相"命令，如下图所示。设置图层混合模式为"颜色减淡"，此时图像几乎为白纸。

04 执行"滤镜>其他>最小值"命令，弹出"最小值"对话框，设置"半径"为2像素，单击"确定"按钮，如下图所示。

05 单击"图层"面板下面的图层样式按钮，执行"混合选项"命令，弹出"图层样式"对话框，选择混合颜色带中的灰色，按住Alt键，拖动"下一图层"的深色滑块到右边合适位置，单击"确定"按钮，如下图所示。

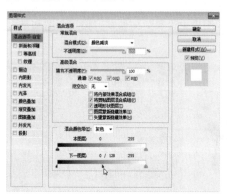

06 此时，图像已经转化成黑白素描效果，效果如下图所示。

知识延伸：照片滤镜的应用

　　"照片滤镜"命令用于模拟传统光学滤镜特效，使照片呈现暖色调、冷色调或其他颜色的色调。执行"图像>调整>照片滤镜"命令，打开"照片滤镜"对话框，如下右图所示。其中，"颜色"单选按钮用于为自定义颜色滤镜指定颜色，浓度用于控制着色的强度。该功能在摄影创作、印刷制版、彩色摄影及放大和各种科技摄影中被广泛利用。如下中图和下右图所示为图像使用照片滤镜前后对比效果图。

上机实训：绿色风景转化为雪景

　　在学习完前面的知识后，我们来练习如何将绿色风景图片转换为雪景，以温习与巩固前面的知识。

步骤 01 打开实例文件\ 05 \上机实训\绿色风景.jpg图像，复制后设置图层混合模式为"滤色"、"不透明度"为33%，如下图所示。

步骤 02 新建一个图层，用套索工具选取天空部分，填充60%灰色后取消选区，如下图所示。

步骤 03 添加蒙版，选择渐变工具，设置颜色为黑白、不透明度为40%，拉出渐变颜色，把天空部分稍微变暗。

步骤 04 创建黑白调整图层，设置参数，单击"确定"按钮后，将图像混合模式改为"滤色"，如下图所示。

步骤 05 创建色相/饱和度调整图层，改变全图颜色，勾选"着色"复选框，如下图所示。

步骤 06 新建一个图层，填充 60% 灰色，执行"滤镜 > 杂色 > 添加杂色"命令，设置参数，单击"确定"按钮，如下图所示。

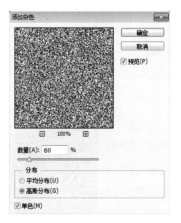

步骤 07 执行"滤镜 > 模糊 > 动感模糊"命令，设置参数，单击"确定"按钮，如下图所示。

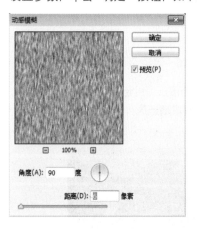

步骤 08 将图层混合模式为"叠加"，效果如下图所示。

步骤 09 双击图层，打开"图层样式"对话框，在"混合选项自定"选项面板中的"混合颜色带"中按住Alt键拖动黑色滑块调整参数，单击"确定"按钮，如下图所示。

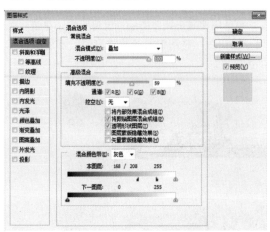

步骤 10 经过调整后的图像最终效果，如下图所示。

课后练习

1. 选择题

(1) 下面对曲线命令的描述哪些是正确的_____。
  A. 曲线命令只能调节图象的亮调、中间调和暗调
  B. 曲线命令不能用来调节图象的色调范围
  C. 曲线对话框中有一个铅笔的图标，可用它在对话框中直接绘制曲线
  D. 曲线命令只能改变图像的亮度和对比度

(2) 选择"选择"菜单中_____菜单命令可以选取特定颜色范围内的图像。
  A. 全选   B. 反选
  C. 色彩范围   D. 取消选择

(3) 执行"图像>调整"级联菜单下的_____命令，可以将当前图像或当前层中图像的颜色与它下一层中的图像或其他图像文件中的图像相匹配。
  A. 阈值   B. 色调分离
  C. 颜色匹配   D. 通道混合器

(4) 执行"图像>调整"级联菜单下的_____命令，可以让用户直观地调整图像或选取范围内图像的色彩平衡、对比度、亮度和饱和度。
  A. 阈值   B. 色调分离
  C. 变化   D. 色调均化

2. 填空题

(1) Photoshop CS6中的自动调色命令包括自动色调、_____和自动颜色3 种命令。

(2) "曲线"命令是通过调整曲线的斜率和形状来实现对图像色彩、_____和_____的综合调整，使图像色彩更加协调。

(3) 色彩平衡是指调整图像整体_____，只作用于_____，在彩色图像中改变颜色的混合，用于纠正图像中明显的偏色问题。

(4) "变化"命令可以让用户直观地调整图像或选取范围内图像的色彩平衡、_____、亮度和_____等。

(5) "色调均化"命令可以重新分布图像中像素的_____，以便更均匀地呈现所有范围的亮度级。

3. 上机题

  启动Photoshop CS6，打开素材图像，使用渐变映射、色阶等命令调整图像色彩，如下图所示。

Chapter 图像的绘制与修饰

本章概述

通过使用Photoshop CS6，不仅可以绘制图像，还能够对图像做出必要的修饰，熟练使用这些工具可以使自己的图像更加亮丽。本章主要介绍如何使用绘图工具绘制图像，以及如何灵活使用修图工具修饰图像，最终制作出自己想要的图像效果，真正做到为图像美丽"加分"。

核心知识点

❶ 熟练应用绘画工具组中的画笔工具、颜色替换工具以及历史记录画笔工具绘制图像

❷ 熟练应用裁剪工具、加深工具、减淡工具修饰图像

❸ 掌握污点修复画笔工具、修补工具、红眼工具以及仿制图章工具的使用方法与技巧

6.1 使用工具绘制图像

在Photoshop中，可以使用画笔工具、铅笔工具和历史记录画笔工具等来绘制图像。只有了解并掌握各种绘图工具的功能与操作方法，才能更好地绘制出想要的图像效果，同时也为图像处理的自由性提供了灵活的空间。

6.1.1 画笔工具

在Photoshop中，画笔工具的应用比较广泛，使用画笔工具可以绘制出多种图形。在"画笔"面板选择并设置的画笔决定了绘制效果。

选择画笔工具，该工具的属性栏如下图所示。

属性栏中主要选项的含义分别介绍如下。

- **"工具预设"按钮**：实现新建工具预设和载入工具预设等操作。
- **"画笔预设"面板**：选择画笔笔尖，设置画笔大小和硬度。
- **"模式"下拉列表**：设置画笔的绘画模式，即绘画时的颜色与当前颜色的混合模式。
- **"不透明度"文本框**：设置在使用画笔绘图时所绘颜色的不透明度。该值越小，所绘出的颜色越浅，反之越深。
- **"流量"文本框**：设置使用画笔绘图时所绘颜色的深浅。若设置的流量较小，则其绘制效果如同降低透明度一样，但经过反复涂抹，颜色就会逐渐饱和。
- **"启用喷枪样式的建立效果"按钮**：单击该按钮即可启动喷枪功能，将渐变色调应用于图像，同时模拟传统的喷枪技术，Photoshop会根据单击程度确定画笔线条的填充数量。下图所示为使用不同的画笔样式绘制出的图像效果。

在属性栏中打开"画笔预设"面板。在"画笔预设"面板中可以看到，Photoshop为用户提供了多种画笔样式，用户可根据需要进行选择，如右图所示。画笔样式是指画笔笔头落笔形成的形状。尖角画笔的边缘较为清晰，柔角画笔的边缘较为模糊。画笔大小是指画笔笔头大小，像素值越大，画笔笔头形成的绘制点也就越大。

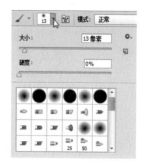

除了在属性栏中可以对画笔进行设置外，还可以单击"切换画笔面板"按钮或者按F5键显示"画笔"面板，在其中同样也能对画笔样式、大小等进行设置。

6.1.2 铅笔工具

铅笔工具在功能及运用上与画笔工具类似，使用铅笔工具可以绘制出硬边缘的效果，特别是绘制斜线，锯齿效果非常明显，并且所有定义的外形光滑的笔刷也会被锯齿化。选择铅笔工具后，属性栏如下图所示。

在属性栏中，除了"自动抹除"复选框外，其他选项均与画笔工具相同。勾选"自动抹除"复选框，铅笔工具会自动选择以前景色或背景色作为画笔的颜色。若起始点为前景色，则以背景色作为画笔颜色；若起始点为背景色，则以前景色作为画笔颜色。

按住Shift键的同时单击铅笔工具，在图像中拖动光标可以绘制直线。下图所示为使用不同的铅笔样式绘制出的图像效果。

 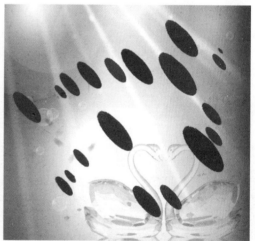

> 提示 不管是使用画笔工具还是铅笔工具绘制图像，画笔的颜色皆默认为前景色。

6.1.3 颜色替换工具

颜色替换工具位于画笔工具组中，用户使用颜色替换工具能够很容易地用前景色置换图像中的色彩，并能够保留图像原有材质的纹理与明暗，赋予图像更多变化。选择颜色替换工具，其属性栏如下图所示。

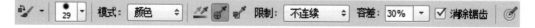

在属性栏中，主要选项的含义介绍如下。

- **"模式"下拉列表**：用于设置替换颜色与图像的混合方式，有"色相"、"饱和度"、"明度"和"颜色"四种方式供选择。
- **取样方式** 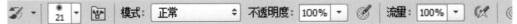：用于设置所要替换颜色的取样方式，包括"连续"、"一次"和"背景色板"三种方式。
- **"限制"下拉列表**：用于指定替换颜色的方式。"不连续"表示替换在容差范围内所有与取样颜色相似的像素；"连续"表示替换与取样点相接或邻近的颜色相似区域；"查找边缘"表示替换与取样点相连的颜色相似区域，它能较好地保留替换位置颜色反差较大的边缘轮廓。
- **"容差"文本框**：用于控制替换颜色区域的大小。数值越小，替换的颜色就越接近色样颜色，替换的范围也就越小，反之，替换的范围越大。
- **"消除锯齿"复选框**：勾选此复选框，在替换颜色时，将得到较平滑的图像边缘。

颜色替换工具的使用方法很简单，首先设置前景色，然后选择颜色替换工具，并设置其各选项参数值，在图像中涂抹即可实现颜色的替换，如下图所示。

提示 需要注意的是，该工具不能用于替换色彩模式为位图、索引颜色和多通道模式的图像。

6.1.4 历史记录画笔工具

在"历史记录"面板中，单击执行过的相应操作步骤即可还原图像效果，如右图所示。而历史记录画笔工具类似于一个还原器，比"历史记录"面板更具有弹性，使用它可以将图像恢复到某个历史状态下的图像，而图像中未被修改过的区域将保持不变。

历史记录画笔工具的具体操作方法为：选择"历史记录画笔工具" ，在其属性栏中设置画笔大小、模式、不透明度和流量等参数，如下图所示。完成后单击鼠标并按住不放，同时在图像中需要恢复的位置处拖动，光标经过的位置即会恢复为上一步中为对图像进行操作时的效果，而图像中其他区域将保持不变。

6.1.5 历史记录艺术画笔工具

使用历史记录艺术画笔工具恢复图像时，将产生一定的艺术笔触，常用于制作富有艺术气息的绘画图像。

选择历史记录艺术画笔工具，在其属性栏中设置画笔大小、模式、不透明度、样式、区域和容差等参数，如下图所示。

在"样式"下拉列表中，可以选择不同的笔刷样式绘制。在"区域"文本框中可以设置历史记录艺术画笔工具描绘的范围，范围越大，影响的范围就越大。下图所示为使用历史记录艺术画笔工具绘制图像前后的效果。

提示 在画笔工具组中，使用混合器画笔能够让用户轻易画出漂亮的画面。用户可以用侧锋涂出大片模糊的颜色，也可以用笔尖画出清晰的笔触，还可以将图片转化为水粉画风格。

实例14 制作时尚矢量图形

01 执行"文件 > 打开"命令，打开实例文件 \ 06 \ 实例 14\ 矢量图形 .jpg 素材，设置前景色为白色，选择画笔工具，打开"画笔"面板，设置画笔样式，如下图所示。

02 使用画笔工具在图像上涂抹，效果如下图所示。

6.2 使用工具擦除或填充图形

在Photoshop CS6中，擦除工具包括橡皮擦工具、背景橡皮擦工具和魔术橡皮擦工具。擦除图像即是对整幅图像中的部分区域进行擦除，同时还可以使用渐变工具将某种颜色或渐变效果以指定的样式进行填充。

6.2.1 橡皮擦工具

橡皮擦工具主要用于擦除当前图像中的颜色。选择橡皮擦工具 ，其属性栏如下图所示。

主要选项的含义介绍如下。

- **"模式"下拉列表**：包括"画笔"、"铅笔"和"块"3个选项。若选择"画笔"或"铅笔"选项，可以设置使用画笔工具或铅笔工具的参数，包括笔刷样式、大小等。若选择"块"模式，橡皮擦工具将使用方块笔刷。
- **"不透明度"文本框**：若不想完全擦除图像，则可以降低不透明度。
- **"抹到历史记录"复选框**：在擦除图像时，可以使图像恢复到任意一个历史状态。该方法常用于恢复图像的局部到前一个状态。

使用橡皮擦工具在图像窗口中拖动，可用背景色的颜色覆盖光标拖过的图像颜色。若是对背景图层或是已锁定透明像素的图层使用橡皮擦工具，像素会更改为背景色；若是对普通图层使用橡皮擦工具，则会将像素更改为透明效果，如下图所示。

6.2.2 背景橡皮擦工具

背景橡皮擦工具用于擦除指定颜色，并且被擦除区域以透明色填充。选择背景橡皮擦工具 ，其属性栏如下图所示。

在该属性栏中，各主要选项含义介绍如下。

- **"限制"下拉列表**：在该下拉列表中包含3个选项。若选择"不连续"选项，则擦除图像中所有具有取样颜色的像素；若选择"连续"选项，则擦除图像中与光标相连的具有取样颜色的像素；若选择"查找边缘"选项，则在擦除与光标相连区域的同时，保留图像中物体锐利的边缘效果。

- **"容差"文本框**：设置被擦除的图像颜色与取样颜色之间差异的大小，取值范围为0%~100%。数值越小，被擦除的图像颜色与取样颜色越接近，擦除的范围越小；数值越大，擦除范围越大。
- **"保护前景色"复选框**：勾选该复选框，可防止具有前景色的图像区域被擦除。

下图所示为使用背景橡皮擦工具擦除图像的效果图。

6.2.3 魔术橡皮擦工具

魔术橡皮擦工具 是魔棒工具和背景橡皮擦工具的综合，它是一种根据像素颜色来擦除图像的工具。选择魔术橡皮擦工具，在属性栏中可以设置其参数，如下图所示。

| | 容差: 32 | ☑ 消除锯齿 | ☑ 连续 | □ 对所有图层取样 | 不透明度: 100% ▾ |

属性栏中的主要选项含义介绍如下。

- **"消除锯齿"复选框**：勾选此复选框，将得到较平滑的图像边缘。
- **"连续"复选框**：勾选该复选框可使擦除工具仅擦除与单击处相连接的区域。
- **"对所有图层取样"复选框**：勾选该复选框，将利用所有可见图层中的组合数据来采集色样，否则只对当前图层的颜色信息进行取样。

使用魔术橡皮擦工具可以一次性擦除图像或选区中颜色相同或相近的区域，让擦除部分的图像呈透明效果。该工具能直接对背景图层进行擦除操作，而无需进行解锁。下图所示为使用魔术橡皮擦工具擦除图像的效果图。

提示 在使用魔术橡皮擦工具时，容差的设置很关键，容差越大，颜色范围广，擦除的部分也越多。

6.2.4 渐变工具

在填充颜色时，使用渐变工具可以将颜色从一种颜色变化到另一种颜色，如由浅到深或是由深到浅的变化。选择渐变工具 ▣，在属性栏中将显示渐变工具的参数选项，如下图所示。

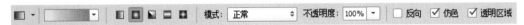

该属性栏中各主要选项的含义介绍如下。

- **编辑渐变**：用于显示渐变颜色的预览效果图。单击渐变颜色，将弹出"渐变编辑器"对话框，如右图所示，从中可以设置渐变颜色。
- **渐变类型**：单击不同的按钮即选择不同渐变类型，从左到右分别是"线性渐变"、"径向渐变"、"角度渐变"、"对称渐变"、"菱形渐变"。
- **"模式"下拉列表**：用于设置渐变的混合模式。
- **"不透明度"文本框**：用于设置填充颜色的不透明度。
- **"反向"复选框**：勾选该复选框，填充后的渐变颜色刚好与用户设置的渐变颜色相反。
- **"仿色"复选框**：勾选该复选框，可以用递色法来表现中间色调，使渐变效果更加平衡。
- **"透明区域"复选框**：勾选该复选框，将打开透明蒙版功能，使渐变填充可以应用透明设置。

选择渐变工具，在属性栏中单击选择相应的渐变样式，然后将光标定位在图像中要设置为渐变起点的位置，拖动光标以定义终点，即可自动填充渐变颜色。下图所示为使用不同的渐变类型绘制出的渐变效果。

实例15 为人物照片添加艺术背景

01 选择"文件 > 打开"命令，打开实例文件 \ 06 \ 实例15\ 人物背景 .jpg 图像，如下左图所示。

02 选择魔术橡皮擦工具，在属性栏中设置"容差"为 30px，单击鼠标以擦除白色背景，如下中图所示。

03 新建图层，将新建的图层移动到人物图层下方，如下右图所示。

04 选择渐变工具，单击属性栏中的渐变颜色，弹出"渐变编辑器"对话框，设置渐变颜色，如下左图所示。

05 此时在图像中从左上角往右下角拖动以绘制线性渐变，为图像添加渐变效果，如下中图所示。

06 打开实例文件 \ 06 \ 实例15\ 人物背景（2）.jpg 并拖入当前文档中，将其放置在背景图层上方，设置混合模式为"柔光"，如下右图所示。

6.3　使用工具修饰图像

编辑图像时，图像的初始大小不一定能满足用户的需要，此时可以使用裁剪工具调整图像大小，同时还可以使用加深或减淡工具调整图像细节。

6.3.1　裁剪工具和透视裁剪工具

裁剪工具能改变图像的大小，用户可根据需要对图像进行裁剪。在使用裁剪工具时，可以在工具属性栏中设置裁剪区域的大小，也可以固定的长宽比例裁剪图像。

选择裁剪工具，在菜单栏下方将显示该工具的属性栏，如下图所示。

在该属性栏中，各选项的含义介绍如下。

- **"不受约束"下拉列表**：在该下拉列表中可选择一些预设的长宽比，也可在后面的文本框中直接输入数值。
- **"拉直"按钮**：在该下拉功能允许用户为照片定义水平线，将倾斜的照片"拉"回水平。
- **"视图"下拉列表**：该列表中用户可以选择裁剪区域的参考线，包括三等分、黄金分割、金色螺旋线等常用构图线。
- **按钮**：单击该按钮，可进行一些功能设置，包括使用经典模式（CS6之前裁剪工具模式）等。
- **"删除裁剪的像素"复选框**：若勾选该复选框，多余画面将会被删除；若取消勾选"删除裁剪的像素"复选框，则对画面的裁剪是无损的，即被裁剪掉的画面部分并没有被删除，可随时改变裁剪范围。

选择裁剪工具，在图像边缘会显示裁剪框，裁剪框的周围有8个控制点，利用这些控制点能快速调整图像的大小和旋转角度等，起到纠正图像构图的作用。裁剪后，图像自动沿裁剪边缘增加或缩小图像，如下图所示。

透视裁剪工具▣用来纠正不正确的透视变形。选择透视裁剪工具，当光标变成▤形状时，在图像上拖曳裁剪区域，只需要分别单击画面中的四个顶点，即可定义一个任意形状的四边形。进行裁剪时，软件不仅会对选中的画面区域进行裁剪，还会把选定区域"变形"为正四边形，如下图所示。

提示 任何变形都会导致画面的扭曲，所以变形的程度不能太大。

6.3.2 切片工具和切片选择工具

切片是指对图像进行重新切割划分。在制作网页切图时使用较多，可以用来制作HTML标记、创建链接、翻转和动画等。使用切片工具对图像分割后，还能对分割的切片区域进行编辑和保存等操作。

选择切片工具▰，在图像中绘制出一个切片区域，释放鼠标后图像被分割，每部分图像的左上角显示序号。在任意一个切片区域内单击鼠标右键，在弹出的快捷菜单中执行"划分切片"命令，可打开"划分切片"对话框，如右图所示。勾选"水平划分为"或"垂直划分为"复选框，在文本框中输入切片个数，完成后单击"确定"按钮即可将切片平均划分。

一般情况，使用切片工具之前先调出参考线，使用参考线划分出区域，然后单击上方的"基于参考线的切片"按钮就可以按参考线进行切片，如下图所示。

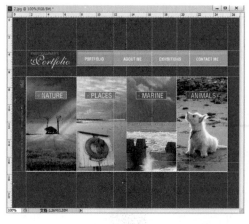 

如果需要变换切片的位置和大小，可以使用切片选择工具▰，对切片进行选择和编辑等操作。

选择切片选择工具，单击需要编辑的切片，按住鼠标左键不放，可以随意挪动切片位置。还可以按住切片四周的控制点，随意伸展或收缩切片大小，如下图所示。

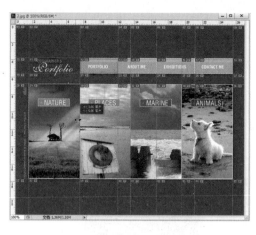 

6.3.3 加深、减淡和海绵工具

图像颜色调整工具组包括减淡工具、加深工具和海绵工具，利用这些工具可以对图像的局部进行色调和颜色的调整，使作品产生立体感。

1. 加深工具

加深工具主要用于加深阴影效果。使用加深工具可以改变图像特定区域的曝光度，从而使得图像呈加深或变暗显示。选择加深工具，在菜单栏下方将显示其属性栏，如下图所示。

在该属性栏中，各主要选项的含义介绍如下。

- **"范围"下拉列表**：用于设置加深的作用范围，包括3个选项，分别为"阴影"、"中间调"和"高光"。
- **"曝光度"文本框**：用于设置对图像色彩减淡的程度，取值范围在0%～100%之间，输入的数值越大，对图像减淡的效果就越明显。
- **"保护色调"复选框**：勾选该复选框后，使用加深或减淡工具进行操作时可以尽量保护图像原有的色调不失真。

在工具箱中选择加深工具，在属性栏中进行相应设置后，将光标移到图像窗口中，单击并拖动鼠标进行涂抹即可应用加深效果，如下图所示。

2. 减淡工具

减淡工具可以使图像的颜色更加明亮。使用减淡工具可以改变图像特定区域的曝光度，从而使得图像该区域变亮。

在工具箱中选择减淡工具，在属性栏中进行设置后将光标移动到需处理的位置，单击并拖动光标涂抹即可应用减淡效果，如下图所示。

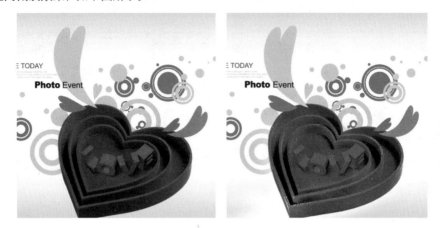

3. 海绵工具

海绵工具为调整色彩饱和度工具，可用来增加或减少一种颜色的饱和度或浓度。当增加颜色的饱和度时，其灰度就会减少；饱和度为0%时的图像为灰度图像。选择海绵工具后，在菜单栏下方将显示其属性栏，如下图所示。

在该属性栏中，各主要选项的含义介绍如下。

- **"模式"下拉列表**：包括"降低饱和度"和"饱和"两个选项。选择"降低饱和度"选项将降低图像颜色的饱和度；选择"饱和"选项则增加图像颜色的饱和度。
- **"流量"文本框**：用于设置饱和或不饱和的程度。

选择海绵工具，在属性栏中设置相关选项后，将光标移动到图像窗口中拖动鼠标涂抹即可。下图所示为使用海绵工具的前后对比效果图。

6.3.4 模糊、锐化和涂抹工具

模糊工具组包括模糊工具、锐化工具和涂抹工具，使用这些工具可以对图像进行清晰或模糊处理。

1. 模糊工具

模糊工具可以降低图像相邻像素之间的对比度，使图像边界区域变得柔和，产生一种模糊效果，以凸显图像的主体部分。模糊工具还可以柔化粘贴到某个文档中图像参差不齐的边界，使之更加平滑地融入到背景。

选择模糊工具 ◌，在属性栏中将显示该工具的属性参数，如下图所示。

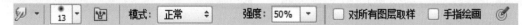

在该属性栏中，各主要选项的含义介绍如下。

● **"画笔预设"面板**：用于设置涂抹画笔的直径、硬度以及样式。
● **"强度"文本框**：用于设置模糊的强度，数值越大，模糊效果越明显。

选择模糊工具 ◌，在其属性栏中设置参数，然后在图像窗口中拖曳光标涂抹需要模糊的区域即可，如下图所示。

2. 锐化工具

锐化工具与模糊工具相反，锐化工具用于增加图像中像素边缘的对比度和相邻像素间的反差，提高图像清晰度或聚焦程度，从而使图像产生清晰的效果。通过属性栏模式的切换，即可控制要影响的图像区域。其中"强度"文本框中的数值越大，锐化效果越明显。

选择锐化工具 △，在其属性栏中设置参数，然后在图像窗口中拖曳鼠标涂抹需要锐化的区域即可，如下图所示。

3. 涂抹工具

涂抹工具的作用是模拟手指涂抹绘制的效果，提取最先单击处的颜色与光标拖动经过的颜色相融合挤压，以产生模糊的效果。

选择涂抹工具 ，在属性栏中显示其参数，如下图所示。

在该属性栏中，若勾选"手指绘画"复选框，拖曳光标时，则使用前景色与图像中的颜色相融合；若取消勾选该复选框，则使用开始拖曳时的图像颜色。下图所示为涂抹效果。

实例16 打造图像的真实景深效果

01 执行"文件>打开"命令，打开实例文件\ 06 \ 实例16\景深效果.jpg图像，如下图所示。

02 选择磁性套索工具，沿汽车边缘绘制选区，如下图所示。

03 按组合键 Ctrl+Shift+I 反选选区，选中图像背景区域，如下图所示。

04 选择涂抹工具 ，在属性栏中设置参数，在图像中涂抹以模糊选区内的图像，完成后按下快捷键 Ctrl+D 取消选区，如下图所示。

6.4 使用工具修补图像

　　Photoshop CS6为用户提供了污点修复画笔工具、修复画笔工具、修补工具、红眼工具、仿制图章工具和图案图章工具6种修复工具，用户可根据具体情况选择工具，对照片进行一定的修复。

6.4.1 污点修复画笔工具

污点修复画笔工具 是将图像的纹理、光照和阴影等与所修复的图像进行自动匹配。该工具不需要取样定义样本，只要确定需要修补的图像的位置，然后在需要修补的位置拖曳鼠标，释放鼠标后即可完成对图像中污点的修复，快速除去图像中的瑕疵。

选择污点修复画笔工具 ，在属性栏中显示其属性参数，如下图所示。

在属性栏中，主要选项含义介绍如下。

- **"类型"选项组**：选择"近似匹配"单选按钮将使用选区边缘周围的像素来查找要用作选定区域修补的图像区域；选择"创建纹理"单选按钮将使用选区中的所有像素创建一个用于修复该区域的纹理；选择"内容识别"单选按钮，将使用附近的图像内容，不留痕迹地填充选区，同时保留让图像栩栩如生的关键细节，如阴影和对象边缘。
- **"对所有图层取样"复选框**：勾选该复选框，可使取样范围扩展到图像中所有的可见图层。

右图所示为使用污点修复画笔工具修复图像前后的效果对比。

6.4.2 修复画笔工具

修复画笔工具与污点修复画笔工具类似，最根本的区别在于在使用修复画笔工具前需要指定样本，即在无污点位置进行取样，再用取样点的样本图像来修复图像。与仿制图章工具相同，该工具用于修补瑕疵，可以从图像中取样或用图案填充图像。修复画笔工具在修复时，在颜色上会与周围颜色进行一次运算，使其更好地与周围融合。

选择修复画笔工具 ，在属性栏中显示其属性参数，如下图所示。

在该属性栏中，选择"取样"单选按钮表示修复画笔工具对图像进行修复时以图像区域中某处颜色作为基点。选择"图案"单选按钮可在其右侧列表中选择已有的图案用于修复。

选择修复画笔工具 ，按住Alt键的同时在其他图像区域单击取样，释放Alt键后在需要清除的图像区域单击即可修复，如下图所示。

6.4.3 修补工具

　　修补工具和修复画笔工具类似，使用图像中其他区域或图案中的像素来修复选中的区域。修补工具会将样本像素的纹理、光照和阴影与源像素进行匹配。

　　选择修补工具，在属性栏中显示其属性参数，如下图所示。其中，若选择"源"单选按钮，则修补工具将从目标选区修补源选区；若选择"目标"单选按钮，则修补工具将从源选区修补目标选区。

![属性栏]

　　选择修补画笔工具，在属性栏中设置参数，在图像中沿需要修补的部分绘制出一个随意选区，拖动选区到其他部分的图像上，释放鼠标即可用其他部分的图像修补有缺陷的图像区域，如右图所示。

6.4.4 红眼工具

　　在使用闪光灯在光线昏暗处进行人物拍摄时，拍出的照片人物眼睛容易泛红，这种现象即我们常说的红眼现象。利用Photoshop提供的红眼工具可以轻松去除照片中人物的红眼，以恢复眼睛光感。

　　选择红眼工具，在属性栏中设置瞳孔大小，设置其瞳孔的变暗程度，数值越大颜色越暗，单击图像中的红眼位置即可，如下图所示。

6.4.5 仿制图章工具和图案图章工具

　　图章工具是常用的修饰工具，主要用于对图像的内容进行复制和修复。图章工具包括仿制图章工具和图案图章工具。

1. 仿制图章工具

　　仿制图章工具的作用是将取样图像应用到其他图像或同一图像的其他位置。仿制图章工具在操作前需要从图像中取样，然后将样本应用到其他图像或同一图像的其他部分。仿制图章工具与修复画笔工具的区别在于使用仿制图章工具复制出来的图像在色彩上与原图是完全一样的，因此仿制图章工具在进行图片处理时，用处很大。

中文版Photoshop CS6艺术设计实训案例教程

选择仿制图章工具📩，在属性栏上将显示其参数属性，如下图所示。

在属性栏中，若勾选"对齐"复选框，则可以对像素连续取样，而不丢失当前的取样点；若取消勾选"对齐"复选框，则会在每次停止并重新开始绘画时使用初始取样点中的样本像素。若勾选"对所有图层取样"复选框，则可以从所有可视图层中对数据进行取样；若取消勾选"对所有图层取样"复选框，将只从现用图层取样。

选择仿制图章工具，在属性栏中设置工具参数，按住Alt键，在图像中单击取样，释放Alt键后在需要修复的图像区域中单击即可仿制出取样处的图像，如下图所示。

> **提示** 取样点即为复制的起始点。选择不同的笔刷直径会影响绘制的范围，而不同的笔刷硬度会影响到绘制区域的边缘融合效果。

2. 图案图章工具

图案图章工具用于将系统自带的或用户自定义的图案复制并应用到图像中，可以用来创建特殊效果、背景网纹或壁纸等。选择图案图章工具📩，在属性栏上将显示其参数属性，如下图所示。

在属性栏中，若勾选"对齐"复选框，则每次拖曳得到的图像效果是图案重复衔接拼贴；若取消勾选"对齐"复选框，多次复制时会得到图像的重叠效果。

首先使用矩形选框工具选择要作为自定义图案的图像区域，然后执行"编辑>定义图案"命令，打开"图案名称"对话框，为选区命名并保存；选择图案图章工具，在属性栏的"图案"下拉列表中选择刚刚保存的图案，将光标移到图像窗口中，按住鼠标左键并拖动，即可使用选择的图案覆盖当前区域的图像，如下图所示。

> **提示** 矩形选框工具的羽化值必须为0。

6.4.6 内容感知移动工具

内容感知移动工具是Photoshop CS6新增的一个功能强大、操作简单的智能修复工具，在第1章新增功能里已经介绍给大家认识。内容感知移动工具主要有以下两大功能。

（1）感知移动功能：该功能主要用来移动图片中的主体，并随意放置到合适的位置。移动后的空隙位置，软件会智能修复。

（2）快速复制功能：选取想要复制的部分，移到其他需要的位置就可以实现复制，复制后的边缘会自动柔化处理，跟周围环境融合。

选择内容感知移动工具，在属性栏中将显示其属性参数，如下图所示。

该属性栏中各主要选项的含义介绍如下。

- **"模式"下拉列表**：包括"移动"和"扩展"两个选项。若选择"移动"选项，就能实现"感知移动"功能；若选择"扩展"选项，就能实现"快速复制"功能。
- **"适应"下拉列表**：在该下拉列表中，包含"非常严格"、"严格"、"中"、"松散"、"非常松散"五个调整方式选项，用来设定复制时是完全复制还是允许"内容感知"感测环境后做些调整，一般来说，使用预设的"中"就有不错的效果。

选择内容感知移动工具，当光标变为X时，按住鼠标左键并拖动绘制出选区，然后在选区中再按住鼠标左键拖动该选区，移到想要放置的位置后释放鼠标即可，如下图所示。

实例17 使用图案图章工具快速制作香水广告

01 打开实例文件 \ 06 \ 实例 17\ 香水 3.jpg 素材，选择矩形选框工具，绘制选区，执行"编辑 > 定义图案"命令，打开"图案名称"对话框，单击"确定"按钮，如下图所示。

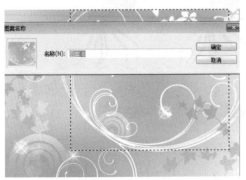

02 打开实例文件 \ 06 \ 实例 17\ 香水 1.jpg 背景图像，如下图所示。

03 选择图案图章工具，在属性栏的图案下拉列表中选择刚刚自定义的图案，如下图所示。

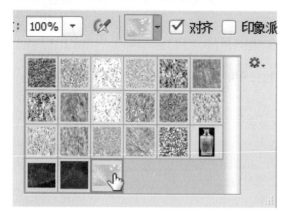

04 设置画笔大小，然后在图像左侧涂抹，如下图所示。

05 创建渐变映射图层，设置渐变颜色，如下图所示。

06 设置图层混合模式为"变亮"，如下图所示。

07 打开实例文件 \ 06 \ 实例 17\ 香水 2.jpg 图像，使用移动工具将其移动到图像文件中，然后复制该图层，调整位置和大小，如下图所示。

08 最后选择文字工具，输入文本，并为文字图层添加"斜面和浮雕"图层样式，如下图所示。

知识延伸：油漆桶工具的应用

油漆桶工具与填充命令相似，用于在图像或选区中填充颜色或图案。但是该工具不能应用于位图图像。选择油漆桶工具 ，在属性栏中显示其属性参数，如下图所示。

| 前景 ÷ | 模式：正常 ÷ | 不透明度：100% ▾ | 容差：32 | ☑ 消除锯齿 ☑ 连续的 □ 所有图层 |

在属性栏中，各主要选项的含义介绍如下。
- **"填充"下拉列表**：可选择"前景"或"图案"两种填充方式。当选择"图案"填充方式时，可在后面的下拉列表中选择相应的图案。
- **"不透明度"文本框**：用于设置填充的颜色或图案的不透明度。
- **"容差"文本框**：用于设置油漆桶工具进行填充的图像区域。
- **"消除锯齿"复选框**：用于消除填充区域边缘的锯齿形。
- **"连续的"复选框**：勾选该复选框，则填充的区域是和鼠标单击点相似并连续的部分；若不勾选此项，则填充的区域是所有和鼠标单击点相似的像素，无论是否和鼠标单击点相连续。
- **"所有图层"复选框**：勾选该复选框表示作用于所有图层。

下图所示为使用油漆桶工具填充图案的效果。

上机实训：手绘青苹果

此处将通过绘制青苹果的练习，对前面学习的知识进行加深与巩固。

步骤 01 新建一个 800×600 像素的文档。新建图层，选择钢笔工具，绘制青苹果的路径，将路径转化成选区，如下图所示。

步骤 02 选择渐变工具，单击渐变颜色，弹出"渐变编辑器"对话框，设置渐变颜色，如下图所示。

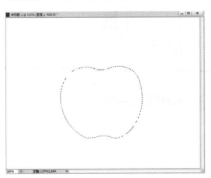

步骤 03 设置完成后，单击"确定"按钮，绘制径向渐变，按组合键 Ctrl+D 取消选区，如下图所示。

步骤 04 新建图层，使用套索工具绘制选区，设置羽化值为 6 像素，如下图所示。

中文版Photoshop CS6艺术设计实训案例教程

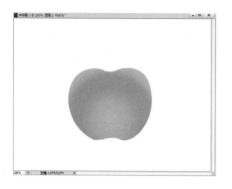

步骤 05 选择油漆桶工具，设置填充颜色为 #DDF8BD、图层不透明度为 60%，对选区进行填充，如下图所示。按组合键 Ctrl+ Alt+G 与前一图层编组。

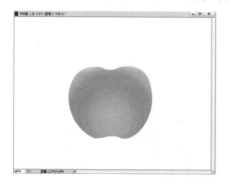

步骤 07 设置填充色为 #CDFF8E 并填充选区。按组合键 Ctrl+Alt+G 与前一图层编组，如下图所示。

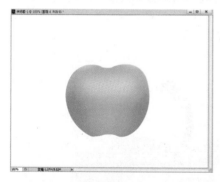

步骤 09 设置填充色为 #4BA705 并填充选区。按组合键 Ctrl+ Alt+G 与前一图层编组，如下图所示。

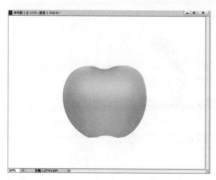

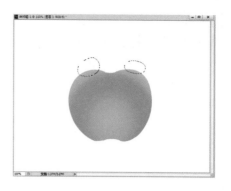

步骤 06 新建图层，用钢笔工具绘制路径并转化为选区，设置羽化值为 25 像素，如下图所示。

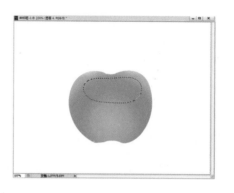

步骤 08 新建图层，用钢笔工具绘制路径并转化为选区，设置羽化值为 8 像素，如下图所示。

步骤 10 新建图层，用钢笔工具绘制路径并转化为选区，设置羽化值为 3 像素，填充白色，如下图所示。

步骤 11 新建图层，用钢笔工具绘制路径并转化为选区，设置羽化值为 2 像素，如下图所示。

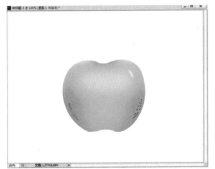

步骤 12 设置填充颜色为 #B0ED5E 并填充选区，设置图层不透明度为 60%，如下图所示。

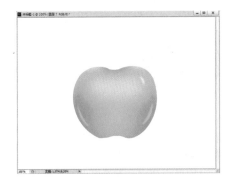

步骤 13 新建图层，用钢笔工具绘制路径并转化为选区，设置羽化值为 8 像素，如下图所示。

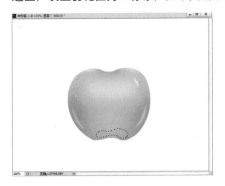

步骤 14 填充选区颜色为 #46A403，取消选区后加上图层蒙版，用黑色画笔在顶部稍微涂点透明效果。

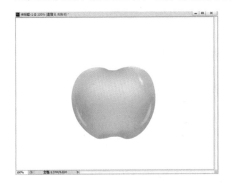

步骤 15 在"背景"图层上新建图层，使用钢笔工具绘制路径并转化为选区，设置前景色为 #554E00 并填充，如下图所示。

步骤 16 使用钢笔工具绘制路径并转化为选区，设置羽化值为 3 像素，选择减淡工具，涂抹选区使颜色减淡，如下图所示。

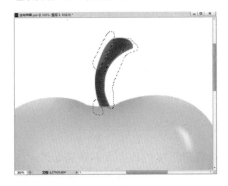

步骤 17 新建图层，用钢笔工具绘制路径并转化为选区，设置羽化值为 1 像素，设置前景色为 #E4D494 并填充，如右图所示。

步骤 18 新建图层，用钢笔工具绘制叶子路径并转化为选区，如下图所示。

步骤 19 选择渐变工具，单击属性栏中的渐变颜色，弹出"渐变编辑器"对话框，设置渐变颜色，如下图所示。

步骤 20 单击"确定"按钮，在选区中绘制线性渐变，如下图所示。

步骤 21 用钢笔工具选择叶子的下边缘，选择减淡工具，使其颜色减淡，如下图所示。

步骤 22 新建图层，绘制叶脉部分的选区，设置前景色为 #8DD70B 并填充，如下图所示。

步骤 23 选择减淡工具，绘制叶子的高光部分，如下图所示。

步骤 24 打开实例文件 \ 06 \ 上机实训 \ 盘子 .jpg 图像素材，将其移动到"背景"图层上方，再多复制几个苹果图形，调整大小和位置，然后为其添加背景图像，最终效果如右图所示。

课后练习

1.选择题

(1) 下面对渐变工具功能的描述正确的是_____。

　　A. 如果在不创建选区的情况下填充渐变色，渐变工具将作用于整个图像

　　B. 不能将设定好的渐变色存储为一个渐变色文件

　　C. 不可以任意定义和编辑渐变色，不管是两色、三色还是多色

　　D. 在Photoshop中共有三种渐变类型

(2) 下面有关Photoshop CS6中模糊工具和锐化工具的使用描述不正确的是_____。

　　A. 它们都用于对图像细节进行修饰　　　　B. 按住Shift键就可以在这两个工具之间切换

　　C. 模糊工具可降低相邻像素的对比度　　　D. 锐化工具可增强相邻像素的对比度

(3) 下面有关Photoshop CS6中修补工具的使用描述正确的是_____。

　　A. 修补工具和修复画笔工具在修补图像的同时都可以保留原图像的纹理、亮度、层次等信息

　　B. 修补工具和修复画笔工具在使用时都要先按住Alt键来确定取样点

　　C. 在使用修补工具操作之前所确定的修补选区不能有羽化值

　　D. 修补工具只能在同一张图像上使用

(4) 在Photoshop CS6中使用仿制图章工具时，按住_____并单击可以确定取样点。

　　A. Alt键　　　　　　　　　　　　　　　B. Ctrl键

　　C. Shift键　　　　　　　　　　　　　　D. Alt+Shift键

2.填空题

(1) 背景橡皮擦工具可用于擦除指定颜色，并将被擦除的区域以_____填充。

(2) 使用魔术橡皮擦工具可以一次性擦除图像或选区中颜色_____的区域，让擦除部分的图像呈透明效果。

(3) 图像颜色调整工具组包括减淡工具、_____和海绵工具。

(4) 海绵工具为色彩_____调整工具，可用来增加或减少一种颜色的_____或浓度。

(5) 污点修复画笔工具是将图像的_____、光照和_____等与所修复的图像进行自动匹配。

3.上机题

　　打开Photoshop CS6，利用所学知识给偏灰的人物磨皮并为人物加彩妆，如下图所示。

Chapter 07 通道与蒙版

本章概述

通道和蒙版是Photoshop CS6中两个很重要的概念，通道用来存储颜色信息和选区信息，编辑通道可改变图像中的颜色分量或创建特殊的选区。蒙版用来控制图像的显示区域，通过对蒙版的编辑可控制图像的显示区域以及显示状态，以获得特殊效果。深入理解通道和蒙版对灵活处理图像很有帮助。

核心知识点

1. 认识"通道"面板，熟悉通道的种类，如颜色通道、专色通道、Alpha通道和临时通道
2. 掌握通道的创建、复制、删除、分离、合并等操作
3. 熟练使用快速蒙版、图层蒙版、矢量蒙版和剪贴蒙版处理图像

7.1 通道的概念和通道面板

Photoshop中的通道是用来存放图像的颜色信息和选区信息的。用户可以通过调整通道中的颜色信息来改变图像的色彩，或对通道进行相应的编辑操作以调整图像或选区信息，帮助用户制作与众不同的图像效果。

7.1.1 认识通道面板

通道是Photoshop CS6中一个非常重要的工具，主要用来存放图像的颜色和选区信息，利用通道用户可以非常简单地制作出复杂的选区，例如抠取头发等。另外直接调整通道还可以改变图像的颜色。

选择"窗口>通道"命令，打开"通道"面板，如右图所示。在该面板中，展示以当前图像文件的颜色模式显示其相应的通道。

- **指示通道可见性图标**：当该图标为形状 时，图像窗口显示该通道的图像，单击该图标，当该图标变为形状 时，隐藏该通道的图像。
- **"将通道作为选区载入"按钮**：单击该按钮可将当前通道快速转化为选区。
- **"将选区存储为通道"按钮**：单击该按钮可将图像中选区之外的图像转换为一个蒙版的形式，将选区保存在新建的Alpha通道中。
- **"创建新通道"按钮**：单击该按钮可创建新的Alpha通道。
- **"删除当前通道"按钮**：单击该按钮可删除当前通道。

7.1.2 在面板中显示通道颜色

一般情况下，若打开 RGB 颜色模式的图像，在"通道"面板中，除第一个RGB通道外，其余各通道在单独显示时均为灰度。若要以各通道的原色显示相应的通道，可以执行"编辑>首选项>界面"命令，打开"首选项"对话框，如下左图所示。在"常规"选项面板中勾选"用彩色显示通道"复选框，单击"确定"按钮。此时"通道"面板会有所改变，通道以相应的颜色显示，如下右图所示。

实例18 在通道中显示偏色图像

01 执行"文件>打开"命令，打开实例文件\ 07 \ 实例18\1.jpg图像，如下图所示。

02 在"通道"面板中，选择红通道，然后单击绿通道前的指示可视性按钮 👁，显示绿色通道颜色信息，此时图像由于缺少蓝色，因此整体偏黄，如下图所示。

03 选择红通道，关闭绿通道，然后单击蓝通道前的指示可视性按钮 👁，显示蓝通道颜色信息，此时图像由于缺少绿色，因此整体偏洋红，如下图所示。

04 选择蓝通道，关闭12通道，然后单击绿通道前的指示可视性按钮 👁，显示绿通道的颜色信息。此时图像由于缺少红色，图像整体偏青色，如下图所示。

7.2 了解通道的种类

在Photoshop CS6中，通道主要分为颜色通道、专色通道、Alpha通道和临时通道。但是只有PSD格式的图像文件才可以保存Alpha通道和专色通道中的信息。下面将对各个类型的通道逐一进行介绍。

7.2.1 颜色通道

利用Photoshop对图像颜色进行调整，其实质就是在编辑颜色通道。颜色通道是用来描述图像色彩信息的彩色通道，图像的颜色模式决定了通道的数量，"通道"面板上储存的信息也相应随之变化。每个单独的颜色通道都是一幅灰度图像，仅代表这个颜色的明暗变化。

Photoshop 会根据图像的颜色模式自动生成颜色通道，颜色通道的数量和图像的颜色模式有关。在RGB模式下，将会显示RGB、红、绿和蓝4个颜色通道，如下左图所示；在 CMYK 模式下，将会生成青色、洋红、黄色、黑色和一个 CMYK 复合通道，如下右图所示。

提示 ▶ 只有 RGB、CMYK 或 Lab 颜色模式的图像，在生成颜色通道外会有一个复合通道。

7.2.2 专色通道

专色通道是一类较为特殊的通道，它可以使用除青色、洋红、黄色和黑色以外的颜色来绘制图像。专色通道是用特殊的预混油墨来替代或补充印刷色油墨，以便更好地体现图像效果，常用于需要专色印刷的印刷品。它可以局部使用，也可作为一种色调应用于整个图像中，例如画册中常见的纯红色、蓝色以及证书中的烫金、烫银效果等。

创建专色通道的具体方法是在"通道"面板中单击右上角的扩展按钮▼≡，在弹出的扩展菜单中执行"新建专色通道"命令，弹出"新建专色通道"对话框，如下左图所示，在该对话框中设置专色通道的颜色和名称，完成后单击"确定"按钮即可新建专色通道，如下右图所示。

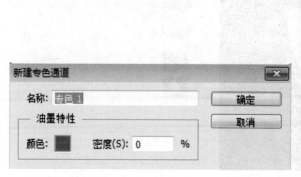 

7.2.3 Alpha通道

Alpha通道是计算机图形学中的术语，是指特别的通道，通常的意思是"非彩色"通道。Alpha通道相当于一个8位的灰阶图，用256级灰度来记录图像中的透明度信息，定义透明、不透明和半透明区域。Alpha通道主要用于存储选区，它将选区存储为"通道"面板中可编辑的灰度蒙版，并不会影响图象的显示和印刷效果。当图象输出到视频，Alpha通道也可以用来决定显示区域。

创建Alpha通道的方法是：在图像中创建需要保存的选区，然后在"通道"面板中单击"创建新通道"按钮，新建Alpha1通道。将前景色设置为白色，选择油漆桶工具并填充选区，如下左图所示，然后取消选区，即在Alpha1通道中保存了选区，如下右图所示。保存选区后即可随时重新载入该选区或将该选区载入到其他图像中。

7.2.4 临时通道

临时通道是在"通道"面板中暂时存在的通道。在创建图层蒙版或快速蒙版时，会自动在通道中生成临时蒙版，如下图所示。

当删除图层蒙版或退出快速蒙版的时候，在"通道"面板中的临时通道就会消失。

01 执行"文件>打开"命令，打开实例文件\ 07 \实例19\调整色调.jpg图像，如下图所示。

02 打开"通道"面板，在"通道"面板中单击红通道，将红通道选中，此时图像显示为灰度效果下的黑白效果，如下图所示。

03 按下快捷键 Ctrl+M，打开"曲线"对话框，调整曲线，完成后单击"确定"按钮，如下图所示。

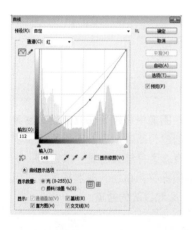

04 在"通道"面板中单击选中 RGB 通道，此时在图像中可以看到，图像颜色发生了改变，如下图所示。

05 在"通道"面板中单击选择绿通道，按下快捷键 Ctrl+L，打开"色阶"对话框，在其中拖动滑块设置参数，完成后单击"确定"按钮，如下图所示。

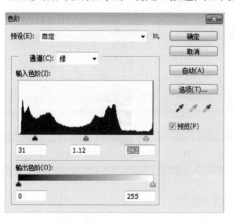

06 单击 RGB 通道，将 RGB 通道选中，此时在图像中可以看到，图像的对比度有所加强，效果显得更清晰，如下图所示。

7.3 通道的创建和编辑

编辑图象实质上是编辑通道。通道是真正记录图象信息的地方，无论色彩改变、选区增减、产生渐变，都可以追溯到通道中去。通道的编辑包括通道的复制、删除、分离和合并，以及通道的计算和与选区及蒙版的转换等，下面分别进行讲解。

7.3.1 通道的创建

一般情况下，在Photoshop中新建的通道是保存选择区域信息的Alpha通道，可以帮助用户更加方便地对图像进行编辑。创建通道分为创建空白通道和创建带选区的通道两种。

1. 创建空白通道

空白通道属于选区通道，但选区中没有图像信息。新建该通道的方法是：在"通道"面板中单击右上角的按钮▼≡，在弹出的快捷菜单中选择"新建通道"命令，如下左图所示，打开"新建通道"对话框，如下右图所示，在该对话框中设置新通道的名称等参数，单击"确定"按钮即可。又或者在"通道"面板中单击底部的"创建新通道"按钮🔲也可以新建一个空白通道。

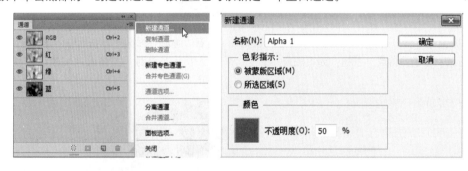

2. 通过选区创建选区通道

选区通道是用来存放选区信息的，一般由用户保存选区，用户可以在图像中将需要保留的图像创建选区，然后在"通道"面板中单击"创建新通道"按钮🔲即可。将选区创建为新通道后能在后面的重复操作中快速载入选区。若用户是在背景图层上创建选区，可直接单击"将选区存储为通道"按钮🔲，快速创建带有选区的Alpha通道。在将选区保存为Alpha通道时，选择区域被保存为白色，非选择区域被保存为黑色。如果选择区域具有羽化值，则此类选择区域中被保存为由灰色柔和过渡的通道。

7.3.2 复制和删除通道

如果要对通道中的选区进行编辑，一般都要将该通道的内容复制后在进行编辑，以免编辑后不能还原图像。图像编辑完成后，若存储含有Alpha通道的图像会占用一定的磁盘空间，因此在存储含有Alpha通道的图像前，用户可以删除不需要的Alpha通道。

复制或删除通道的方法非常简单，只需拖动需要复制或删除的通道到"创建新通道"按钮或"删除当前通道"按钮上后释放鼠标即可。也可以在需要复制和删除的通道上后单击鼠标右键，在弹出的快捷菜单中执行"复制通道"或"删除通道"命令来完成相应的操作。

提示 位于"通道"面板中顶层的复合通道是不可复制、不可删除以及不可重命名的。

7.3.3 分离和合并通道

在Photoshop中，用户可以将通道进行分离或者合并。分离通道可将一个图像文件中的各个通道以单个独立文件的形式进行存储，而合并通道可以将分离的通道合并在一个图像文件中。

1. 分离通道

分离通道是将通道中的颜色或选区信息分别存放在不同的独立灰度模式的图像中，分离通道后也可对单个通道中的图像进行操作，常用于无须保留通道的文件要保存单个通道信息等情况。

分离通道的方法是：在Photoshop CS6中打开一张需要分离通道的图像，在"通道"面板中单击右上角按钮 ，在弹出的快捷菜单中执行"分离通道"命令，此时软件自动将图像分离为三个灰度图像，如下图所示。

> **提示** 当图像的颜色模式不一样时，分离出的通道自然也有所不同。未合并的PSD格式的图像文件无法进行分离通道操作。

2. 合并通道

合并通道是指将分离后的通道图像重新组合成一个新图像文件。通道的合并类似于简单的通道计算，能同时将两幅或多幅经过分离后变为单独的通道灰度图像有选择性地进行合并。这里以人物的单独通道为例进行讲解，如右图所示。

合并通道的方法是：在分离后的图像中，任选一张灰度图像，单击"通道"面板中右上角的按钮 ，在弹出的快捷菜单中执行"合并通道"命令，打开"合并通道"对话框，如下左图所示，在该对话框中设置模式后单击"确定"按钮，打开"合并RGB通道"对话框，如下右图所示，可选择红色、绿色、蓝色通道，然后单击"确定"按钮即可按选择的相应通道进行合并。

如下图所示为合并通道前后的对比效果图。

提示 要进行两幅图像通道的合并，两幅图像文件的大小和分辨率必须相同，否则无法进行通道合并。

7.3.4　通道的计算

选择区域间可以有相加、相减、相交的不同算法。Alpha选区通道同样可以利用计算的方法来实现各种复杂的效果，制作出新的选择区域形状。通道的计算是指将两个来自同一或多个源图像的通道以一定的模式进行混合，其实质是合并通道的升级。对图像进行通道运算能将一幅图像融合到另一幅图像中，方便用户快速得到富于变幻的图像效果。这里以如下图像进行通道计算为例进行讲解。

通道计算的方法是：使用"移动工具"将人物图像移动到背景图像中。执行"图像>计算"命令，弹出"计算"对话框，在该对话框中对图层、通道、混合模式等进行设置，完成后单击"确定"按钮，如下左图所示。此时在"通道"面板中会生成了一个新的Alpha1通道，单击RGB通道前的可视性按钮 👁 显示通道，此时将会显示出融合后的图像效果，如下右图所示。

7.4 蒙版的概念和类型

蒙版又称"遮罩",是一种特殊的图像处理方式,其作用就像一张布,可遮盖住处理区域中的一部分,当用户对处理区域内的整个图像进行模糊和上色等操作时,被蒙版遮盖起来的部分不会改变。

Photoshop蒙版是将不同灰度色值转化为不同的透明度,并作用到它所在的图层上,使图层不同部位的透明度产生相应的变化。黑色为完全透明,白色为完全不透明。蒙版分为快速蒙版、矢量蒙版、图层蒙版和剪贴蒙版4类。

7.4.1 快速蒙版

快速蒙版是一种临时性蒙版,是暂时在图像表面产生一种与保护膜类似的保护装置,帮助用户快速得到精确选区。当在快速蒙版模式中工作时,"通道"面板中会出现一个临时快速蒙版通道。但是,所有的蒙版编辑是在图像窗口中完成的。

创建快速蒙版的方法是单击工具箱底部的"以快速蒙板模式编辑"按钮 ▣ 或者按Q键,进入快速蒙版编辑状态,选择画笔工具,适当调整画笔大小,在图像中需要添加快速蒙版的区域涂抹,涂抹后的区域呈半透明红色显示,然后再按Q键退出快速蒙版,从而建立选区,如下图所示。

快速蒙版通过用黑白灰三类颜色画笔做选区,白色画笔可画出被选择区域,黑色画笔可画出不被选择的区域,灰色画笔画出半透明选择区域。

> **提示** 快速蒙版主要是快速处理当前选区,不会生成相应附加图层。

7.4.2 矢量蒙版

矢量蒙版通过形状控制图像显示区域，它只能作用于当前图层。其本质为使用路径制作蒙版，遮盖路径覆盖的图像区域，显示无路径覆盖的图像区域。矢量蒙版可以通过形状工具创建，也可以通过路径来创建。

矢量蒙版中创建的形状是矢量图，可以使用钢笔工具和形状工具对图形进行编辑修改，从而改变蒙版的遮罩区域，也可以对它任意缩放。

1. 通过形状工具创建

选择自定形状工具 ，在属性栏中选择"形状"模式，设置形状样式，在图像中拖曳光标，绘制形状即可创建矢量蒙版，如下图所示。

2. 通过路径创建

选择钢笔工具，绘制图像路径，执行"图层>矢量蒙版>当前路径"命令，此时在图像中可以看到，保留了路径覆盖区域图像，而背景区域则不可见，如下图所示。

7.4.3 图层蒙版

图层蒙版可以在不破坏图像的情况下反复修改图层效果，图层蒙版同样依附于图层存在。图层蒙版大大方便了对图像的编辑，它并不是直接编辑图层中的图像，通过使用画笔工具在蒙版上涂抹，控制图层区域的显示或隐藏，常用于图像合成。

添加图层蒙版的方法是：首先选择添加蒙版的图层为当前图层，单击"图层"面板底端的"添加图层蒙版"按钮 ，设置前景色为黑色，选择画笔工具在图层蒙版上绘制即可。如下图所示为在人物图层上新建图层蒙版，然后利用画笔工具擦除多余背景，而只保留人物部分的效果。

中文版Photoshop CS6艺术设计实训案例教程

添加图层蒙版的另一种方法是：当图层中有选区时，在"图层"面板上选择该图层，单击面板底部的"添加图层蒙版"按钮，选区内的图像被保留，而选区外的图像将被隐藏。

7.4.4 剪贴蒙版

剪贴蒙版是使用处于下方图层的形状来限制上方图层的显示状态。剪贴蒙版由两部分组成：一部分为基层，即基础层，用于定义显示图像的范围或形状；另一部分为内容层，用于存放将要表现的图像内容。使用剪贴蒙版能够在不影响原图像的同时有效地完成剪贴制作。剪贴蒙版中的基底图层名称带下划线，上层图层的缩览图是缩进的。

创建剪贴蒙版有两种方法。

（1）在"图层"面板中按住Alt键的同时将光标移至两图层间的分隔线上，当其变为形状↓□时，单击鼠标左键即可；

（2）在"图层"面板中选择要进行剪贴的两个图层中的内容层，按组合键Ctrl+Alt+G即可，如右图所示。

在使用剪贴蒙版处理图像时，内容层一定要位于基础层的上方，才能对图像进行正确剪贴。创建剪贴蒙版后，再按组合键Ctrl+Alt+G即可释放剪贴蒙版。

这里以更换人物服装为例，"图层1"为人物裙子的内容图像，即基础层，将图像移动到该图像文件中，生成"图层2"为内容层，按组合键Ctrl+Alt+G，即可创建剪贴蒙版，将图像贴入人物裙子中，如下图所示。

提示 "图层样式"对话框中的"将剪贴图层混合成组"选项可确定基底效果的混合模式是影响整个组还是只影响基底图层。

7.5 蒙版的编辑

创建蒙版之后，还需要对蒙版进行编辑。蒙版编辑包括蒙版的停用、启用、移动、复制、删除和应用等。

7.5.1 停用和启用蒙版

停用和启用蒙版能帮助用户对图像使用蒙版前后的效果进行更多的对比观察。若想暂时取消图层蒙版的应用，可以右击图层蒙版缩览图，在弹出的快捷菜单中执行"停用图层蒙版"命令，或者按Shift键的同时，单击图层蒙版缩略图也可以停用图层蒙版功能，此时图层蒙版缩览图中会出现一个红色的×标记。

如果要重新启用图层蒙版的功能，再次右击图层蒙版缩览图，在弹出的快捷菜单中执行"启用图层蒙版"命令，或者再次按Shift键的同时单击图层蒙版缩览图即可恢复蒙版效果。如右图所示。

7.5.2 移动和复制蒙版

蒙版可以在不同的图层间复制或移动。若要复制蒙版，按住Alt键并拖曳蒙版到其他图层即可，如下图所示；若要移动蒙版，只需将蒙版拖曳到其他图层即可。在"图层"面板中移动图层蒙版和复制图层蒙版，得到图像效果是完全不同的。

7.5.3 删除和应用蒙版

若需删除图层蒙版，可以在"图层"面板中的蒙版缩览图上单击鼠标右键，在弹出的快捷菜单中执行"删除图层蒙版"命令。也可拖动图层缩览图层蒙版到"删除图层"按钮上，释放鼠标，在弹出的对话框中单击"删除"按钮即可。

应用蒙版就是将使用蒙版后的图像效果集成到一个图层中，其功能类似于合并图层。应用图层蒙版的方法是在图层蒙版缩览图上单击鼠标右键，在弹出的快捷菜单中执行"应用图层蒙版"命令即可。

7.5.4 将通道转换为蒙版

　　将通道转换为蒙版的实质是将通道中的选区作为图层蒙版，进而对图像效果进行调整。将通道转化为蒙版的方法是在"通道"面板中按住Ctrl键的同时单击相应的通道缩览图，即可载入该通道的选区（这里选择的是蓝通道选区）。切换到"图层"面板，选择图层，单击"添加图层蒙版"按钮，即可将通道选区作为图层蒙版。如下图所示。

实例20 利用笔刷制作漂亮的粗边蒙版图片

01 执行"文件>打开"命令，打开实例文件\ 07 \实例20\粗边蒙版1.jpg背景图像素材，如下图所示。

02 打开实例文件 \ 07 \ 实例 20\ 粗边蒙版 2.jpg 纸张素材，放置在"背景"图层上方，设置其混合模式为"变暗"，增加纸张质感，如下图所示。

03 打开实例文件 \ 07 \ 实例 20\ 粗边蒙版 3.jpg 图像素材，将其移动到文档中，调整图像大小及位置，如下图所示。

04 选中图层，执行"图层 > 图层蒙版 > 隐藏所有"命令，或单击"图层"面板中的"添加图层蒙版"按钮，如下图所示。

05 选择画笔工具，设置画笔形状，设置前景色为白色，在蒙版上绘制，如下图所示。

06 使用画笔工具继续在蒙版上绘制，制作当参差不齐的效果，如下图所示。

通道的转换是指改变颜色通道中的颜色信息，改变图像颜色模式也就是转换通道。具体操作方法是执行"图像>模式"命令，在弹出的级联菜单中选择颜色模式对应的命令即可。

除此之外，还可以执行"文件>自动>条件模式更改"命令，打开"条件模式更改"对话框，如右图所示。

其中，"源模式"选项组用于设置用以转换的颜色模式，单击"全部"按钮可勾选所有复选框，"目标模式"选项组用于设置图像最终要转换成的颜色模式。

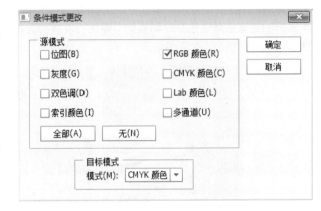

上机实训：为人物图像更换背景图像

下面将练习为人物图像更换背景的操作，以巩固与温习所学知识。

步骤 01 打开实例文件 \ 07 \ 上机实训 \1.jpg 素材，复制两次"背景"图层，重命名为"人物 1"、"人物 2"，如下图所示。

步骤 02 选择钢笔工具，勾出图片中人物的主体轮廓，碎发部分不要勾在里面，如下图所示。

步骤 03 单击"路径"面板底部的"将路径转化为选区"按钮，将路径转化为选区，如下图所示。

步骤 04 返回"图层"面板，选中图层"人物 1"，单击"图层"面板底部的"添加图层蒙版"按钮，为复制图层添加蒙版，如下图所示。

步骤 05 选择图层"人物2"，打开"通道"面板，拖动"蓝"通道至"通道"面板底部的"创建新通道"按钮，复制一个"蓝"通道复本，如下图所示。

步骤 07 按组合键 Ctrl+I 将"蓝副本"通道反相，选择画笔工具，设置属性，然后用黑色画笔将头发外涂黑，用白色画笔将头发涂白，如下图所示。

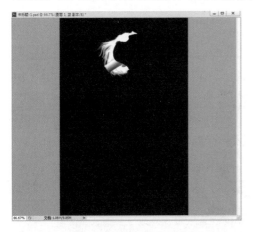

步骤 09 返回"图层"面板，单击图层面板底部的"添加图层蒙版"按钮，为复制图层添加蒙版，如下图所示，此时人物从图像里分离出来。

步骤 06 选择"蓝副本"，按组合键Ctrl+L，打开"色阶"对话框，调整色阶，加大暗调和高光，使头发和背景对比强烈，如下图所示。

步骤 08 单击"通道"面板底部的将"通道作为选区载入"按钮，如下图所示。

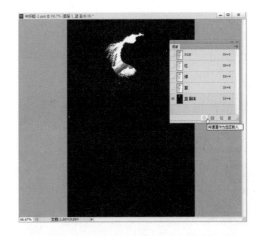

步骤 10 新建 500×500 的画布，默认前景色和背景色，执行"滤镜 > 渲染 > 云彩"命令，如下图所示。

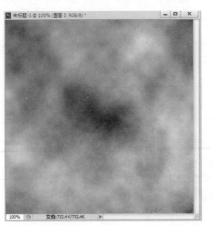

步骤 11 执行"滤镜>扭曲>水波"命令,弹出"水波"对话框,设置参数,单击"确定"按钮,如下图所示。

步骤 12 选择变形工具,调整水波形状,效果如下图所示。

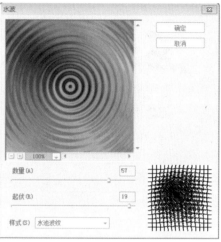

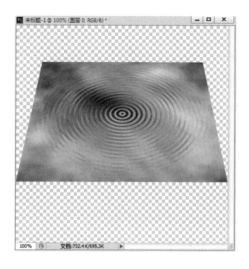

步骤 13 打开实例文件 \ 07 \ 上机实训 \ 背景 .jpg 素材,如下图所示。

步骤 14 执行"图像 > 调整 > 色彩平衡"命令,调整图像,如下图所示。

步骤 15 将做好的水波效果拖入图像左下角,设置其混合模式为"强光",为水波图层添加图层蒙版,将多余部分使用画笔工具擦除,如下图所示。

步骤 16 打开实例文件 \ 07 \ 上机实训 \ 素材 .jpg,将荷花拖入图像右下角,设置其混合模式为"正片叠底",如下图所示。

步骤17 将之前抠出的人物拖入图像中，复制人物图层，调整方向，制作人物倒影，如下图所示。

步骤19 为"丝带"图层添加图层蒙版，使用画笔工具擦除遮挡人物部分，然后执行"图像 > 调整 > 色相 / 饱和度"命令，编辑颜色为灰蓝色，然后复制两层，如下图所示。

步骤21 再复制"丝带"图层，将其放置在图像上方，如下图所示。

步骤18 打开实例文件 \ 07 \ 上机实训 \ 丝带 .jpg，使用"通道"面板把丝带抠取出来，移动到人物图层上方，如下图所示。

步骤20 选择顶层的"丝带"图层，按组合键 Ctrl+I反向，设置其混合模式为"叠加"，选择底层"丝带"，执行"滤镜>模糊>高斯模糊"命令，使其模糊，效果如下图所示。

步骤22 选择文字工具，输入文本，设置文本样式，如下图所示。

课后练习

1. 选择题

（1）Alpha通道最主要的用途是_____。

    A. 保存图像色彩信息   B. 创建新通道

    C. 用来存储和建立选择范围   D. 为路径提供通道

（2）当将CMYK模式的图像转换为多通道模式时，产生的通道名称是_____。

    A. 青色、洋红、黄色、黑色   B. 青色、洋红、黄色

    C. 四个名称都是Alpha 通道   D. 四个名称都是Black （黑色通道）

（3）按_____键可以使图像进入"快速蒙版"状态。

    A. F   B. Q

    C. T   D. A

（4）下面对图层上的蒙板的描述哪些是不正确的_____。

    A. 图层上的蒙板相当于一个8位灰阶的Alpha通道

    B. 当按住Alt键的同时单击"图层"面板中的蒙板，图像就会显示蒙板

    C. 在"图层"面板的某个图层中设定了蒙板后，会发现在"通道"面板中有一个临时的Alpha通道

    D. 在图层上建立蒙板只能是白色的

2. 填空题

（1）Photoshop中的通道是用来存放图像的_____和_____的。

（2）在Photoshop CS6中，通道主要分为_____、专色通道、_____和临时通道。

（3）颜色通道是用来描述图像色彩信息的彩色通道，图像的_____决定了通道的数量，"通道"面板上储存的信息也相应随之变化。

（4）矢量蒙版其本质为使用_____制作蒙版，遮盖路径覆盖的图像区域，显示无路径覆盖的图像区域。

（5）若要复制蒙版，按住_____键并拖曳蒙版到其他图层即可。

3. 上机题

打开图像素材，利用快速蒙版和Alpha通道命令，为图片制作撕裂效果，如下图所示。

本章概述

滤镜是设计工作中的好帮手，使用它可以很便捷地创建出各种丰富的效果。通过对本章内容的学习，读者可以掌握并应用各种滤镜效果，打造出超炫的艺术光影效果。

核心知识点

❶ 熟悉滤镜的应用范围，熟悉液化滤镜、自适应广角滤镜等相关知识
❷ 熟练掌握滤镜库的设置与应用
❸ 熟练应用模糊、锐化、像素化、渲染、杂色和其他组中的滤镜处理图像

8.1 滤镜的概述

"滤镜"源于摄影领域中的滤光镜，但又不同于滤光镜，滤镜改进图像和产生的特殊效果是滤光镜所不能及的。在Photoshop中，经过一次或多次为图像添加"滤镜"效果，可以模拟出现实生活中的景象或绘画的艺术效果。

8.1.1 认识滤镜

滤镜也称为"滤波器"，是一种特殊的图像效果处理技术，它遵循一定的程序算法，以像素为单位对图像中的像素进行分析，并对其颜色、亮度、饱和度、对比度、色调、分布、排列等属性进行计算和变换处理，从而完成原图像部分或全部像素属性参数的调节或控制。即使滤镜的参数设置相同，若图像分辨率不同，得到的图像效果也会大相径庭。使用滤镜功能在很大程度上能丰富图像效果，可以使一张普通的图像或照片变得更加生动。Photoshop中的滤镜主要分为软件自带的内置滤镜和外挂滤镜两种。内置滤镜是软件自带滤镜，其中自定义滤镜的功能最为强大。自定义滤镜位于"滤镜"菜单的其他滤镜组中，它允许用户定义个人滤镜，使用非常方便。外挂滤镜需要用户另外安装，安装完成后的外挂滤镜会自动出现在Photoshop的"滤镜"菜单中。

8.1.2 滤镜的应用范围

Photoshop CS6为用户提供很多种滤镜，其作用范围仅限于当前正在编辑的、可见的图层或图层中的选区，若图像此时没有选区，软件则默认当前图层上的整个图像为当前选区。RGB颜色模式的图像可以使用系统中的所有滤镜；而位图模式、16位灰度图、索引模式和48位RGB模式等图像色彩模式则无法使用滤镜，某些色彩模式如CMYK模式，只能使用部分滤镜，画笔描边、素描、纹理以及艺术效果等类型的滤镜都无法使用。如下图所示为对整幅图像应用滤镜和对选区内的图像应用滤镜的效果对比。

8.1.3 认识滤镜菜单

选择"滤镜"命令，用户可以查看到"滤镜"菜单，如右图所示，包括多个滤镜组，在滤镜组中又有多个滤镜命令，用户可通过执行一次或多次滤镜命令为图像添加不一样的效果。

在"滤镜"菜单中，第一栏中显示的是最近使用过的滤镜。

"转换为智能滤镜"表示可以整合多个不同的滤镜，并对滤镜效果的参数进行调整和修改，让图像处理过程更智能化。第三栏中显示的滤镜（从"自适应广角"到"消失点"）为独立滤镜，它未归入其他滤镜组中，选择后即可使用。第四栏中显示的滤镜（从"风格化"到"其他"）为滤镜组，每一个滤镜组中又包含多个滤镜命令，用户依次选择即可应用。

若在Photoshop软件中安装外挂滤镜，则会显示在Digimarc（水印）命令的下方。

8.2 独立滤镜组

在Photoshop CS6中，独立滤镜不包含任何滤镜级联菜单命令，直接选择即可使用。下面分别对其中的液化滤镜、自适应广角滤镜以及转化为智能滤镜进行详细介绍。

8.2.1 液化滤镜

液化滤镜的原理是将图像以液体形式进行流动变化，让图像在适当的范围内用其他部分的像素图像替代原来的图像像素。使用液化滤镜能对图像进行收缩、膨胀扭曲以及旋转等变形处理，还可以定义扭曲的范围和强度，同时还可以将我们调整好的变形效果存储起来或载入以前存储的变形效果。一般情况下，用于帮助用户快速对照片人物进行瘦脸和瘦身。

执行"滤镜>液化"命令，打开如图所示"液化"对话框。其中，左侧工具箱中包含10种应用工具，下面将具体介绍这些工具的作用。

- **向前变形工具** ：该工具可以移动图像中的像素，得到变形效果。
- **重建工具** ：使用该工具在变形区域单击鼠标或拖动鼠标进行涂抹，可以使变形区域的图像恢复到原始状态。
- **顺时针旋转扭曲工具** ：使用该工具在图像中单击鼠标或拖动鼠标时，图像会被顺时针旋转扭曲；当按住Alt键单击鼠标时，图像则被逆时针旋转扭曲。

- **褶皱工具** ：使用该工具在图像中单击鼠标或拖动鼠标时，可以使像素向画笔中间区域的中心移动，使图像产生收缩效果。
- **膨胀工具** ：使用该工具在图像中单击鼠标或拖动鼠标时，可以使像素向画笔中心区域以外的方向移动，使图像产生膨胀效果。
- **左推工具** ：使用该工具可以使图像产生挤压变形的效果。使用该工具垂直向上拖动鼠标时，像素向左移动；向下拖动鼠标时，像素向右移动。当按住Alt键垂直向上拖动鼠标时，像素向右移动，向下拖动鼠标时，像素向左移动。若使用该工具围绕对象顺时针拖动鼠标，可增加其大小；若顺时针拖动鼠标，则减小其大小。
- **冻结蒙版工具** ：使用该工具可以在预览窗口中绘制出冻结区域，在调整时，冻结区域内的图像不会受到变形工具的影响。
- **解冻蒙版工具** ：使用该工具涂抹冻结区域能够解除该区域的冻结。
- **抓手工具** ：放大图像的显示比例后，可使用该工具移动图像，以观察图像的不同区域。
- **缩放工具** ：使用该工具在预览区域中单击鼠标可放大图像的显示比例；按下Alt键在该区域中单击鼠标，会缩小图像的显示比例。

如下图所示为使用液化滤镜修饰人物前后的对比效果图。

8.2.2 自适应广角滤镜

自适应广角滤镜是Photoshop CS6中新增的一项功能，使用该滤镜可以校正由于使用广角镜头而造成的镜头扭曲。用户可以快速拉直在全景图或采用鱼眼镜头和广角镜头拍摄的照片中看起来弯曲的线条。例如建筑物在使用广角镜头拍摄时会看起来向内倾斜。

执行"滤镜>自适应广角"命令，打开"自适应广角"对话框，如下图所示。左侧工具箱中包括5种应用工具，下面具体介绍这些工具的作用。

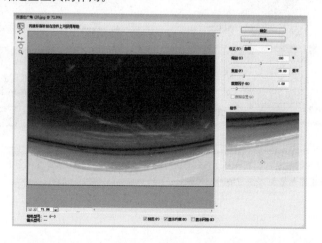

- **约束工具** ：使用该工具，单击图像或拖动端点可添加或编辑约束。按住Shift键的同时单击鼠标可添加水平或垂直约束；按住Alt键单击鼠标可删除约束。
- **多边形约束工具** ：使用该工具，单击图像或拖动端点可添加或编辑多边形约束。单击初始起点可结束约束；按住Alt键单击可删除约束。
- **移动工具** ：使用该工具，按住并拖动鼠标可以在画布中移动内容。
- **抓手工具** ：放大图像的显示比例后，可使用该工具移动图像，以观察图像的不同区域。
- **缩放工具** ：使用该工具在预览区域中单击可放大图像的显示比例；按住Alt键在该区域中单击，则缩小图像的显示比例。

如下图所示为使用自适应广角滤镜校正图像前后的对比效果图。

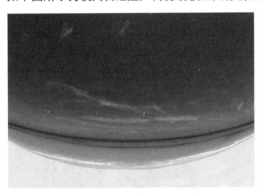

8.2.3 转换为智能滤镜

智能滤镜是一种非破坏性的滤镜，转换为智能滤镜可以将整幅图像或选择的图层转换为智能对象以启用新增的可重新编辑的智能滤镜。图像转换为智能对象后，对图像执行的所有滤镜操作均会自动默认为智能滤镜效果。使用智能滤镜就像为图层添加图层样式那样为图层添加滤镜命令，并且可以对添加的滤镜进行反复修改。

将图像转换为智能对象的方法如下：选择需要转换的图像，执行"滤镜 > 转换为智能对象"命令，弹出提示信息对话框，单击"确定"按钮即可。还可以右击需要转换的图层上，在弹出的菜单中执行"转换为智能对象"命令。待将图像转换为智能图层后，其图层缩览图右下角会出现一个智能对象标志。

如下图所示为将图像转换为智能对象并进行编辑的对比效果。

提示 通俗讲，智能滤镜就像给图层加样式一样。在"图层"面板中，用户可以把这个滤镜删除，或者重新修改这个滤镜的参数，可以关掉滤镜效果显示原图，很方便再次修改。

中文版Photoshop CS6艺术设计实训案例教程

01 执行"文件>打开"命令，打开实例文件\ 08 \ 实例21\人物脸型.jpg图像，如下图所示。

02 执行"滤镜> 液化"命令，打开"液化"对话框，单击"向前变形工具"按钮，在对话框右侧的选项面板中设置参数，调整画笔大小，如下图所示。

03 在人物侧脸处单击并往右拖动，调整人物脸颊形状，为当前人物进行瘦脸，如下图所示。

04 使用相同的方法，微调人物的耳朵和颈部，让人物效果更协调，如下图所示。

05 选择顺时针旋转扭曲工具，单击人物头发处，为当前人物进行卷发的处理，如下图所示。

06 设置完成后单击"确定"按钮，案例效果如下图所示。

8.3 滤镜库的设置与应用

滤镜库将Photoshop中提供的滤镜进行了归类划分，将常用的、较为典型的滤镜收录其中，这样在很大程度上提高了图像处理的灵活性和机动性，同时还能对图像效果进行实时操控。

8.3.1 认识滤镜库

滤镜库是为方便用户快速找到滤镜而诞生的，在滤镜库中有"风格化"、"画笔的描边"、"扭曲"、"素描"、"纹理"和"艺术效果"等选项，每个选项中有包含多种滤镜效果，用户可以根据需要自行选择想要的图像效果。

执行"滤镜> 滤镜库"命令，打开"滤镜库"对话框，即可看到滤镜库界面，如下图所示。在该对话框中，用户可以根据需要设置图像的效果。若要同时使用多个滤镜，可以在对话框右下角单击"新建效果图层"按钮，即可新建一个效果图层，从而实现多滤镜的叠加使用。

"滤镜库"对话框主要有以下几部分组成。

- **预览框**：可预览图像的变化效果，单击底部的□或□按钮，可缩小或放大预览框中的图像。
- **滤镜面板**：在该区域中显示了风格化、画笔描边、扭曲、素描、纹理和艺术效果6组滤镜，单击每组滤镜前面的三角形图标即可展开该滤镜组，随后便可看到该组中所包含的具体滤镜。
- **☒按钮**：单击该按钮可隐藏或显示"滤镜"面板。
- **参数设置区**：在该区域中可设置当前所应用滤镜的各种参数值和选项。

8.3.2 编辑滤镜列表

滤镜列表位于滤镜库界面的右下角，用于显示对图像使用过的滤镜，起到查看滤镜效果的作用。

选择滤镜效果，滤镜名称会自动出现在滤镜列表中，当前选择的滤镜效果图层呈灰底显示。若需要对图像应用多种滤镜，则单击"新建效果图层"按钮，此时创建的是与当前滤镜相同的效果图层，然后选择其他滤镜效果即可。

若对添加的滤镜效果不满意，可以单击"删除效果图层"按钮将该滤镜效果删除。

8.3.3 风格化滤镜组

风格化滤镜主要通过置换像素并且查找和提高图像中的对比度，产生一种绘画式或印象派艺术效果。该滤镜组包括了"查找边缘"、"等高线"、"风"、"浮雕效果"、"扩散"、"拼贴"、"曝光过度"、"凸出"和"照亮边缘"9种滤镜，只有"照亮边缘"滤镜收录在滤镜库中。这些滤镜可以强调图像的轮廓，用彩色线条勾画出彩色图像边缘，用白色线条勾画出灰度图像边缘。

执行"滤镜>风格化"命令，弹出其级联菜单，如右图所示，选择相应的菜单命令即可实现滤镜效果。

查找边缘
等高线…
风…
浮雕效果…
扩散…
拼贴…
曝光过度
凸出…

- **查找边缘**：该滤镜能查找图像中主色块颜色变化的区域，并将查找到的边缘轮廓描边，使图像看起来像用笔刷勾勒的轮廓。
- **等高线**：该滤镜可以沿图像的亮部区域和暗部区域的边界绘制颜色比较浅的线条效果。执行完等高线命令后，计算机会把当前文件图像以线条的形式出现。
- **风**：该滤镜可以将图像的边缘进行位移，创建出水平线用于模拟风的动感效果，是制作纹理或为文字添加阴影效果时常用的滤镜工具，在其对话框中可设置风吹效果样式以及风吹方向。
- **浮雕效果**：该滤镜能通过勾画图像的轮廓和降低周围色值来产生灰色的浮凸效果。执行此命令后图像会自动变为深灰色，产生把图像里的图片凸出的视觉效果。
- **扩散**：该滤镜通过随机移动像素或明暗互换，使图像看起来像是透过磨砂玻璃观察的模糊效果。
- **拼贴**：该滤镜会根据参数设置对话框中设定的值将图像分成小块，使图像看起来像是由许多画在瓷砖上的小图像拼成的一样。
- **曝光过度**：该滤镜能产生图像正片和负片混合的效果，类似摄影中的底片曝光。
- **凸出**：该滤镜根据在对话框中设置的不同选项，为选区或整个图层上的图像制作一系列的块状或金字塔的三维纹理，适用于制作刺绣或编织工艺所用的一些图案。
- **照亮边缘**：该滤镜收录在滤镜库中，使用该滤镜能让图像产生比较明亮的轮廓线，形成一种类似霓虹灯的亮光效果。

如下图分别为原图、浮雕效果、拼贴和凸出滤镜效果图。

8.3.4 画笔描边滤镜组

"画笔描边"滤镜组收录在滤镜库中，用于模拟不同的画笔或油墨笔刷来勾画图像，使图像产生手绘效果。该滤镜组包括了"成角的线条"、"墨水轮廓"、"喷溅"、"喷色描边"、"强化的边缘"、"深色线条"、"烟灰墨"和"阴影线"8 种滤镜，这些滤镜可以为图像增加颗粒，绘画，杂色，边缘细线或纹理，以得到点画效果。

执行"滤镜>滤镜库"命令，打开"滤镜库"面板，在"画笔描边"滤镜组中选择相应的命令即可实现滤镜效果。下面对这些滤镜效果进行介绍。

- **成角的线条**：该滤镜可以产生斜笔画风格，类似于使用画笔按某一角度在画布上用油画颜料涂画出的斜线，线条修长、笔触锋利，效果比较好看。
- **墨水轮廓**：该滤镜可在图像的颜色边界处模拟油墨绘制图像轮廓，从而产生钢笔油墨风格效果。
- **喷溅**：该滤镜可以使图像产生一种按一定方向喷洒水花的效果，画面看起来像被雨水冲刷过一样。在相应的对话框中可设置喷溅的范围、喷溅效果的轻重程度。
- **喷色描边**："喷色描边"滤镜和"喷溅"滤镜效果相似，可以产生在画面上喷洒水后形成的效果，或有一种被雨水打湿的视觉效果，还可以产生斜纹飞溅效果。

01
02
03
04
05
06
07
08

滤镜的应用

09
10
11
12
13
14
15

- **强化的边缘**：该滤镜可以对图像的边缘进行强化处理。设置高的边缘亮度控制值时，强化效果类似白色粉笔；设置低的边缘亮度控制值时，强化效果类似黑色油墨。
- **深色线条**：该滤镜通过用短而密的线条来绘制图像中的深色区域，用长而白的线条来绘制图像中颜色较浅的区域，从而产生一种很强的黑色阴影效果。
- **烟灰墨**：该滤镜可以通过计算图像中像素值的分布，对图像进行概括性描述，产生用饱含黑色墨水的画笔在宣纸上进行绘画的效果。它能使带有文字的图像产生更特别的效果，也被称为书法滤镜。
- **阴影线**：该滤镜可以产生具有十字交叉线网格风格的图像，如同在粗糙的画布上使用笔刷画出十字交叉线作画时所产生的效果一样，给人一种随意编织的感觉。

如下图所示分别为原图、墨水轮廓、喷溅、烟灰墨滤镜效果图。

8.3.5 扭曲滤镜组

"扭曲"滤镜组主要用于对平面图像进行扭曲，使其产生旋转、挤压、水波和三维等变形效果。该滤镜组包括了"波浪"、"波纹"、"极坐标"、"挤压"、"切变"、"球面化"、"水波"、"旋转扭曲"和"置换"9种滤镜，"玻璃"、"海洋波纹"和"扩散亮光"收录在滤镜库中。

执行"滤镜>扭曲"命令，弹出其级联菜单，如右图所示，然后选择相应的菜单命令即可。下面将分别对这些滤镜效果进行介绍。

- **波浪**：该滤镜可根据设定波长和波幅产生波浪效果。
- **波纹**：该滤镜可以根据参数设定产生不同的波纹效果。
- **极坐标**：该滤镜可以将图像从直角坐标系转化成极坐标系或从极坐标系转化为直角坐标系，产生极端变形效果。
- **挤压**：该滤镜可以使全部图像或选区图像产生向外或向内挤压的变形效果。
- **切变**：该滤镜能根据用户在对话框中设置的垂直曲线来使图像发生扭曲变形。
- **球面化**：该滤镜能使图像区域膨胀实现球形化，形成类似将图像贴在球体或圆柱体表面的效果。
- **水波**：该滤镜可模仿水面上产生的起伏状波纹和旋转效果，用于制作同心圆类的波纹。
- **旋转扭曲**：该滤镜可使图像产生类似于风轮旋转的效果，甚至可以产生将图像置于一个大旋涡中心的螺旋扭曲效果。
- **置换**：该滤镜可以使图像产生位移效果，位移的方向不仅跟参数设置有关，还跟位移图有密切关系。使用该滤镜需要两个文件才能完成：一个是要编辑的图像文件；另一个是位移图文件。位移图文件充当移位模板，用于控制位移的方向。
- **玻璃**：该滤镜能模拟透过玻璃观看图像的效果。

中文版Photoshop CS6艺术设计实训案例教程

- **海洋波纹**：该滤镜为图像表面增加随机间隔的波纹，使图像产生类似海洋表面的波纹效果，有"波纹大小"和"波纹幅度"两个参数值。
- **扩散亮光**：该滤镜能使图像产生光热弥漫的效果，用于表现强烈光线和烟雾效果。

如下图所示分别为原图、波浪、水波、玻璃滤镜的效果图。

8.3.6 素描滤镜组

"素描"滤镜组根据图像中高色调、半色调和低色调的分布情况，使用前景色和背景色按特定的运算方式进行填充添加纹理，使图像产生素描、速写及三维的艺术效果。该滤镜组收录在滤镜库中，包括了"半调图案"、"便条纸"、"粉笔"和"炭笔"、"铬黄渐变"、"绘图笔"、"基底凸现"、"水彩画纸"、"撕边"、"石膏效果"、"炭笔"、"炭精笔"、"图章"、"网状"和"影印"14种滤镜。

执行"滤镜>滤镜库"命令，打开"滤镜库"面板，在"素描"滤镜组中选择相应的命令即可实现滤镜效果。

- **半调图案**：该滤镜可以使用前景色和背景色将图像以网点效果显示。
- **便条纸**：该滤镜可以使图像以前景色和背景色混合产生凹凸不平的草纸画效果，其中前景色作为凹陷部分，而背景色作为凸出部分。
- **粉笔和炭笔**：该滤镜可以重绘高光和中间调，并使用粗糙粉笔绘制纯中间调的灰色背景。阴影区域用黑色对角炭笔线条替换。炭笔用前景色绘制，粉笔用背景色绘制。
- **铬黄渐变**：该滤镜可以模拟液态金属效果，图像颜色失去，只存在黑灰二种，但表面会根据图像进行铬黄纹理。
- **绘图笔**：该滤镜将以前景色和背景色生成钢笔画素描效果，图像中没有轮廓，只有变化的笔触效果。
- **基底凸现**：该滤镜主要用来模拟粗糙的浮雕效果，并用光线照射强调表面变化的效果。图像的暗色区域使用前景色，而浅色区域使用背景色。
- **水彩画纸**：该滤镜使图像产生好像是绘制在潮湿的纤维上、产生颜色溢出、混合和渗透的效果。
- **撕边**：该滤镜重新组织图像为被撕碎的纸片效果，然后使用前景色和背景色为图片上色，适合对比度高的图像。
- **石膏效果**：该滤镜可用来产生一种立体石膏压模成像的效果，然后使用前景色和背景色为图像上色。图像中较暗的区域升高，较亮的区域下陷。
- **炭笔**：该滤镜可以使图像产生碳精画的效果，图像中主要的边缘用粗线绘画，中间色调用对角细线条素描。前景色代表笔触的颜色，背景色代表纸张的颜色。
- **炭精笔**：该滤镜模拟使用炭精笔在纸上绘画的效果。
- **图章**：该滤镜简化图像、突出主体，看起来象是用橡皮或木制图章盖上去的效果，一般用于黑白图像。
- **网状**：该滤镜使用前景色和背景色填充图像，在图像中产生一种网眼覆盖的效果。
- **影印**：该滤镜使图像产生类似印刷中影印的效果，计算机会把之前的色彩去掉，当前图像只存在棕色。

如下图所示分别为原图、便条纸、基底凸线、影印滤镜的效果图。

8.3.7 纹理滤镜组

"纹理"滤镜组主要为图像添加具有深度感和材料感的纹理，使图像具有质感。该滤镜在空白画面上也可以直接工作，生成相应的纹理图案。该滤镜组包括了"龟裂缝"、"颗粒"、"马赛克拼贴"、"拼缀图"、"染色玻璃"和"纹理化"6种滤镜。

执行"滤镜>滤镜库"命令，打开"滤镜库"面板，在"纹理"滤镜组中选择相应的命令即可。下面将对这些滤镜进行详细介绍。

- 龟裂缝：该滤镜可以使图像产生龟裂纹理，制作出具有浮雕样式的立体图像效果。它也可以在空白画面上直接产生具有皱纹效果的纹理。
- 颗粒：该滤镜可以在图像中随机加入不规则的颗粒来产生颗粒纹理效果。
- 马赛克拼贴：该滤镜用于产生类似马赛克的图像效果。
- 拼缀图：该滤镜在"马赛克拼贴"滤镜的基础上增加了一些立体感，使图像产生一种类似于建筑物上使用瓷砖拼成图像的效果。
- 染色玻璃：该滤镜可以将图像分割成不规则的多边形色块，然后用前景色勾画其轮廓，产生一种视觉上的彩色玻璃效果。
- 纹理化：该滤镜可以往图像中添加不同的纹理，使图像看起来富有质感。用于处理含有文字的图像，使文字呈现比较丰富的特殊效果。

如下图所示为原图、龟裂缝、马赛克拼贴、纹理化滤镜的效果图。

8.3.8 艺术效果滤镜组

"艺术效果"滤镜组可以模拟多种现实世界的艺术手法，能让普通的图像变为绘画形式不拘一格的艺术作品，可以用来制作用于商业的特殊效果图像。该滤镜组包括了"壁画"、"彩色铅笔"、"粗糙蜡笔"、"底纹效果"、"调色刀"、"干画笔"、"海报边缘"、"海绵"、"绘画涂抹"、"胶片颗粒"、"木刻"、"霓虹灯光"、"水彩"、"塑料包装"和"涂抹棒"15种滤镜。

执行"滤镜>滤镜库"命令，打开"滤镜库"面板，在"艺术效果"滤镜组中选择相应命令即可。下面将对这些滤镜效果进行详细介绍。

- **壁画**：该滤镜可以使图像产生壁画一样的粗犷风格效果。
- **彩色铅笔**：该滤镜模拟使用彩色铅笔在纯色背景上绘制图像的效果。
- **粗糙蜡笔**：该滤镜可以使图像产生类似蜡笔在纹理背景上绘图的纹理浮雕效果。
- **底纹效果**：该滤镜可以根据所选的纹理类型使图像产生相应的底纹效果。
- **调色刀**：该滤镜可以使图像中相近的颜色相互融合，减少细节以产生写意效果。
- **干画笔**：该滤镜能模仿使用颜料快用完的毛笔进行作画，笔迹的边缘断断续续、若有若无，产生一种干枯的油画效果。
- **海报边缘**：该滤镜的作用是增加图像对比度并沿边缘的细微层次加上黑色，能够产生具有招贴画边缘效果的图像。
- **海绵**：该滤镜可以使图像产生类似海绵浸湿的图像效果。
- **绘画涂抹**：该滤镜模拟手指在湿画上涂抹的模糊效果。
- **胶片颗粒**：该滤镜可以让图像产生胶片颗粒状纹理效果。
- **木刻**：该滤镜使图像产生由粗糙剪切的彩纸组成的效果，高对比度图像看起来黑色剪影，而彩色图像看起来像由几层彩纸构成。
- **霓虹灯光**：该滤镜能够产生负片图像或与此类似的颜色奇特的图像效果，给人虚幻朦胧的感觉。
- **水彩**：该滤镜可以描绘出图像中的景物形状，同时简化颜色，进而产生水彩画的效果。
- **塑料包装**：该滤镜可以使图像产生表面质感强烈并富有立体感的塑料包装效果。
- **涂抹棒**：该滤镜可以产生使用粗糙物体在图像中涂抹的效果，能够模拟在纸上涂抹粉笔画或蜡笔画的效果。

如下图所示分别为原图、壁画、海绵、木刻滤镜的效果图。

实例22 利用滤镜打造个性水彩画效果

01 执行"文件>打开"命令，打开实例文件\ 08 \实例22\1.jpg图像，如下图所示。

02 执行"图像 > 调整 > 阈值"命令，打开"阈值"对话框，设置参数，单击"确定"按钮，如下图所示。

03 执行"滤镜 > 风格化 > 扩散"命令，打开"扩散"对话框，设置参数，使人物线条更加柔和，单击"确定"按钮，如下图所示。

04 打开实例文件 \ 08 \ 实例 22\ 素材 1.jpg，将其移动到人物图层上方，然后设置图层的混合模式为"变亮"，效果如下图所示。

05 将实例文件 \ 08 \ 实例 22\ 素材 2.jpg 拖入文档中，调整大小及位置，设置其混合模式为"正片叠底"，如下图所示。

06 调整素材 2 的亮度 / 对比度和色彩平衡，使其与人物整体更好融合，如下图所示。

07 按组合键 Ctrl+Shift+Alt+E 盖印图层，执行"滤镜 > 滤镜库 > 纹理 > 纹理化"命令，设置参数，如下图所示。

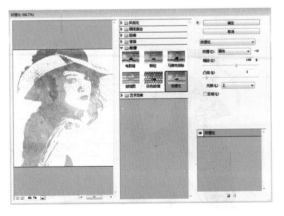

08 设置完成后单击"确定"按钮，案例效果如下图所示。

09 打开实例文件 \ 08 \ 实例 22\ 素材 3.jpg，拖入文档中，如下图所示。

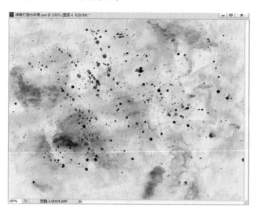

10 设置其混合模式为"颜色加深"，不透明度为50%，效果如下图所示。

8.4 其他滤镜组

其他滤镜组是指除滤镜库和独立滤镜外Photoshop CS6提供的一些较为特殊的滤镜，包括"模糊"滤镜、"锐化"滤镜、"像素化"滤镜、"渲染"以及"杂色"滤镜等，用户在使用过程中可针对不同的情况选择使用，使图像焕发不一样的光彩。

8.4.1 模糊滤镜组

"模糊"滤镜组可以不同程度地减少相邻像素间颜色的差异，使图像产生柔和、模糊的效果。模糊的原理是将图像中要模糊的硬边区域相邻近的像素值平均而产生平滑的过滤效果。该滤镜组提供了"场景模糊"、"光圈模糊"、"倾斜模糊"、"表面模糊"、"动感模糊"、"方框模糊"以及"高斯模糊"等14种滤镜。

执行"滤镜 > 模糊"命令，弹出其级联菜单，如右图所示，选择相应的命令即可实现指定的滤镜效果。

场景模糊...
光圈模糊...
倾斜偏移...

表面模糊...
动感模糊...
方框模糊...
高斯模糊...
进一步模糊
径向模糊...
镜头模糊...
模糊
平均
特殊模糊...
形状模糊...

- **场景模糊**：该滤镜可以调整图片焦距，跟拍摄照片的原理一样，选择好相应的主体后，主体之前及之后的物体就会产生相应的模糊。选择的镜头不同，模糊的方法也略有差别。不过场景模糊可以对一幅图片全局或多个局部进行模糊处理。
- **光圈模糊**：该滤镜用类似相机的镜头来对焦，焦点周围的图像会相应模糊。
- **倾斜偏移**：该滤镜用来模仿微距图片拍摄的效果，比较适合俯拍或者镜头有点倾斜的图片使用。
- **表面模糊**：该滤镜对边缘以内的区域进行模糊，模糊图像时可保留图像边缘，用于创建特殊效果以及去除杂点和颗粒，从而产生清晰边界的模糊效果。
- **动感模糊**：该滤镜模仿拍摄运动物体的手法，通过使像素进行某一方向上的线性位移来产生运动模糊效果。动感模糊会把当前图像的像素向两侧拉伸，在对话框中可以对角度以及拉伸的距离进行调整。
- **方框模糊**：该滤镜以邻近像素颜色平均值为基准模糊图像。
- **高斯模糊**：高斯是指对像素进行加权平均时所产生的钟形曲线。该滤镜可根据数值快速地模糊图像，产生朦胧效果。
- **进一步模糊**：与模糊滤镜产生一样的效果，但效果强度会增加到3倍～4倍。
- **径向模糊**：该滤镜可以产生具有辐射性模糊的效果，模拟相机前后移动或旋转产生的模糊效果。
- **镜头模糊**：该滤镜可以为图像添加模糊以产生更窄的景深效果，使图像中的一些对象在焦点内，另一些区域变模糊。用它来处理照片，可以创建景深效果。但需要用Alpha通道或图层蒙版的深度值来映射图像中像素的位置。

- **模糊**：该滤镜使图像变得模糊一些，它能去除图像中明显的边缘或非常轻度的柔和边缘，如同在相机的镜头前加入柔光镜所产生的效果。
- **平均**：该滤镜可找出图像或选区的平均颜色，然后用该颜色填充图像或选区以创建平滑的外观。
- **特殊模糊**：该滤镜能找出图像的边缘并对边界线以内的区域进行模糊处理。它的优点是在模糊图像的同时仍使图像具有清晰的边界，有助于去除图像色调中的颗粒和杂色，从而产生一种边界清晰中心模糊的效果。
- **形状模糊**：该滤镜使用指定的形状作为模糊中心进行模糊。

如下图所示分别为原图、光圈模糊、动感模糊、径向模糊滤镜的效果图。

8.4.2 锐化滤镜组

"锐化"滤镜组主要是通过增强图像相邻像素间的对比度，使图像轮廓分明、纹理清晰，减弱图像的模糊程度。这类滤镜的效果与模糊滤镜的效果正好相反。该滤镜组包括"USM锐化"、"进一步锐化"、"锐化"、"锐化边缘"和"智能锐化"5种滤镜。

执行"滤镜 > 锐化"命令，弹出其级联菜单，选择相应的命令即可实现滤镜效果。

- **USM 锐化**：该滤镜是通过锐化图像的轮廓，使图像的不同颜色间生成明显的分界线，从而达到清晰图像的目的。与其他锐化滤镜不同的是，该滤镜有参数设置对话框，用户在其中可以设定锐化的程度。
- **进一步锐化**：该滤镜通过增强图像相邻像素的对比度来达到清晰图像的目的，锐化效果强烈。
- **锐化**：该滤镜和进一步锐化滤镜作用相似，增加图像像素之间的对比度，使图像清晰，但锐化效果微小。
- **锐化边缘**：该滤镜同USM锐化滤镜类似，但它没有参数设置对话框，且它只对图像中具有明显反差的边缘进行锐化处理，如果反差较小，则不会进行锐化处理。
- **智能锐化**：该滤镜可设置锐化算法或控制在阴影和高光区域中进行的锐化量，以获得更好的边缘检测并减少锐化晕圈，是一种高级锐化方法。在其参数设置界面中可分别选择"基本"和"高级"单选按钮，以扩充参数设置范围。

如下图所示分别为原图、USM锐化、进一步锐化、智能锐化滤镜的效果图。

8.4.3 像素化滤镜组

"像素化"滤镜组通过将图像中相似颜色值的像素转化成单元格的方法，使图像分块或平面化，将图像分解成肉眼可见的像素颗粒，如方形、不规则多边形和点状等，视觉上看就是图像被转换成由不同色块组成的图像。该滤镜组包括"彩块化"、"彩色半调"、"点状化"、"晶格化"、"马赛克"、"碎片"和"铜板雕刻"7种滤镜。

彩块化
彩色半调...
点状化...
晶格化...
马赛克...
碎片
铜版雕刻...

执行"滤镜> 像素化"命令，弹出其级联菜单，如右图所示，选择相应命令即可实现滤镜效果。

- **彩块化**：该滤镜使图像中纯色或相似颜色凝结为彩色块，产生类似宝石刻画般的效果，该滤镜没有参数设置对话框。
- **彩色半调**：该滤镜可以将图像中的每种颜色分离，将一幅连续色调的图像转变为半色调的图像，使图像看起来类似彩色报纸印刷效果或铜版化效果。
- **点状化**：该滤镜在图像中随机产生彩色斑点，点与点间的空隙用背景色填充。
- **晶格化**：该滤镜可以将图像中颜色相近的像素集中到一个多边形网格中，从而把图像分割成许多个多边形的小色块，产生晶格化的效果。
- **马赛克**：该滤镜可将图像分解成许多规则排列的小方块，实现图像的网格化，每个网格中的像素均使用本网格内的平均颜色填充，从而产生类似马赛克般的效果。
- **碎片**：该滤镜将图像的像素复制4遍，然后将它们平均位移并降低不透明度，形成一种不聚焦的"四重视"效果，该滤镜没有参数设置对话框。
- **铜版雕刻**：该滤镜能够指定点、线条和笔画重画图像，产生版刻画的效果，也能模拟出金属版画的效果。

如下图所示分别为原图、彩色半调、点状化、晶格化滤镜的效果图。

8.4.4 渲染滤镜组

"渲染"滤镜不同程度地使图像产生三维造型效果或光线照射效果，或给图像添加特殊的光线，比如云彩、镜头光晕等效果。该滤镜组包括"分层云彩"、"光照效果"、"镜头光晕"、"纤维"和"云彩"5种滤镜。

分层云彩
光照效果...
镜头光晕...
纤维...
云彩

执行"滤镜> 渲染"命令，弹出其级联菜单，如右图所示，选择相应的命令即可实现滤镜效果。

- **分层云彩**：该滤镜使用前景色和背景色对图像中的原有像素进行差异运算，产生图像与云彩背景混合并反白的效果。
- **光照效果**：该滤镜包括17种不同的光照风格、3种光照类型和4组光照属性，可以在RGB图像上制作出各种光照效果，也可加入新的纹理及浮雕效果，使平面图像产生三维立体的效果。
- **镜头光晕**：该滤镜通过为图像添加不同类型的镜头，模拟镜头产生的眩光效果，这是摄影技术中

01
02
03
04
05
06
07
08
滤镜的应用
09
10
11
12
13
14
15

一种典型的光晕效果处理方法。

- **纤维**：该滤镜将前景色和背景色混合填充图像，生成类似纤维的效果。
- **云彩**：该滤镜是惟一能在空白透明层上工作的滤镜，不使用图像现有像素进行计算，而是使用前景色和背景色计算。通常可以制作出天空、云彩、烟雾等效果。

如下图所示分别为原图、分层云彩、光照效果、镜头光晕滤镜的效果图。

8.4.5 杂色和其他滤镜组

"杂色"滤镜组可以为图像添加一些随机产生的干扰颗粒，即噪点，可以创建不同寻常的纹理或去掉图像中有缺陷的区域。该滤镜组包括了减少杂色、蒙尘与划痕、去斑、添加杂色和中间值5种滤镜。

"其他"滤镜组则可用来创建自己的滤镜，也可以修饰图像的某些细节部分，包括了高反差保留、位移、最大值和最小值等。

- **减少杂色**：该滤镜用于去除扫描照片和数码相机拍摄照片上产生的杂色。
- **蒙尘与划痕**：该滤镜通过将图像中有缺陷的像素融入周围像素，达到除尘和涂抹的效果，适用于处理扫描图像中的蒙尘和划痕。
- **去斑**：该滤镜通过对图像或选区内的图像进行轻微模糊和柔化，达到掩饰图像中细小斑点、消除轻微折痕的作用。该滤镜在去掉杂色的同时还会保留原来图像的细节。
- **添加杂色**：该滤镜可为图像添加一些细小的像素颗粒，使其混合到图像内的同时产生色散效果，常用于添加杂点纹理效果。
- **中间值**：该滤镜可以采用杂点和其周围像素的折中颜色来平滑图像中的区域，也是一种用于去除杂色点的滤镜，可以减少图像中杂色的干扰。

如下图所示分别为原图、蒙尘与划痕、添加杂色、中间值滤镜的效果图。

- **高反差保留**：该滤镜用来删除图像中亮度具有一定过度变化的部分图像，保留色彩变化最大的部分，使图像中的阴影消失而突出亮点，与浮雕效果类似。
- **位移**：该滤镜可以在参数设置对话框中调整参数值来控制图像的偏移。

- **自定**：用户定义自己的滤镜。用户可以控制所有被筛选的像素的亮度值。每一个被计算的像素由编辑框组中心的编辑框来表示。
- **最大值**：具有收缩的效果，向外扩展白色区域，并收缩黑色区域。
- **最小值**：具有扩展的效果，向外扩展黑色区域，并收缩白色区域。

如下图所示分别为高反差保留、位移、最大值、最小值滤镜的效果图。

实例23 综合使用滤镜打造电影炫光效果

01 执行"文件>打开"命令，打开实例文件\ 08 \实例23\1.jpg图像，如下图所示。

03 执行"滤镜>像素化>铜板雕刻"命令，"类型"设置为"中等点"，效果如下图所示。

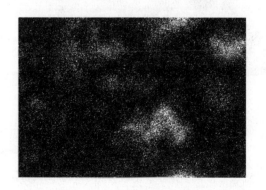

05 设置完成后，单击"确定"按钮，效果如下图所示。

02 新建图层，执行"滤镜 > 渲染 > 云彩"命令，然后执行"滤镜 > 渲染 > 分层云彩"命令，如下图所示。

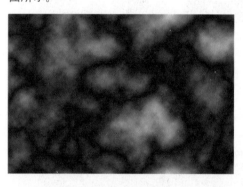

04 复制一层，然后执行"滤镜 > 模糊 > 径向模糊"命令，在"径向模糊"对话框中设置相应参数，如下图所示。

06 选择下面的图层，执行"滤镜 > 模糊 > 径向模糊"命令，设置"模糊方法"为"旋转"，设置上面图层的混合模式为"变亮"，效果如下图所示。

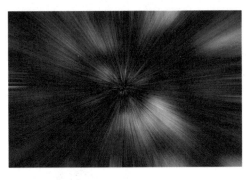

07 按组合键 Ctrl+E 合并图层，设置其混合模式为"柔光"，效果如下图所示。

08 选择"人物"图层，执行"滤镜>渲染>镜头光晕"命令，打开"镜头光晕"对话框，选择"电影镜头"单选按钮，按住拖动鼠标以确定光晕位置，如下图所示。

09 设置亮度后单击"确定"按钮。此时在图像中可以看到，已为图像添加了镜头光晕效果，使图像具有电影质感的光效，如下图所示。

10 执行"滤镜 > 渲染 > 镜头光晕"命令，"镜头类型"选择"50~300 毫米变焦"，确定光晕位置，单击"确定"按钮，为图像添加不同的光晕效果，丰富图像的光效，如下图所示。

 知识延伸：消失点滤镜的应用

　　"消失点"滤镜能够在保证图像透视角度不变的前提下，对图像进行绘制、仿制、复制或粘贴以及变换等操作。操作会自动应用透视原理，按照透视的角度和比例来自适应图像的修改，从而大大节约精确设计和修饰照片所需的时间。

　　执行"滤镜>消失点"命令，打开"消失点"对话框，如下图所示。在该对话框中，左侧工具箱中包含10种应用工具，下面将对这些工具进行详细介绍。

- **编辑平面工具** ▶：单击该按钮，可以选择、编辑、移动平面和调整平面大小。
- **创建平面工具** ▦：单击该按钮，单击图像中透视平面或对象的四个角可创建平面，还可以从现有的平面伸展节点拖出垂直平面。
- **选框工具** □：单击该按钮，在平面中单击并移动可选择该平面上的区域，按住Alt键拖曳选区可将区域复制到新目标；按住Ctrl键拖曳选区可用源图像填充该区域。
- **图章工具** ♨：单击该按钮，在平面中按住Alt键单击鼠标可为仿制设置源点，然后拖曳鼠标来绘画或仿制。按住Shift键单击鼠标可将描边扩展到上一次单击处。
- **画笔工具** ✎：单击该按钮，在平面中按住并拖动鼠标可进行绘画。按住Shift键单击可将描边扩展到上一次单击处。选择"修复明亮度"可将绘画调整为适应阴影或纹理。
- **变换工具** ▦：单击该按钮，可以缩放、旋转和翻转当前浮动选区。
- **吸管工具** ✒：选择用于绘画的颜色。
- **测量工具** ▭：单击两点可测量距离。

在使用该滤镜时，首先需要创建一个透视网格以定义图像的透视关系，并使用选择工具或图章工具进行透视编辑操作。如下图所示使用消失点滤镜前后的效果。

📺 上机实训：制作火焰文字

在本章所学知识的基础上，练习制作一款火焰文字效果。

步骤 01 新建一个 600 像素 ×500 像素的文档，背景填充为黑色，选择文字工具输入文本，设置字体颜色为白色，如下图所示。

步骤 02 栅格化文字图层，复制一层，选择副本图层，执行"编辑 > 变换 > 顺时针旋转 90 度"命令，如下图所示。

步骤 03 执行"滤镜 > 风格化 > 风"命令，设置参数，如下图所示。

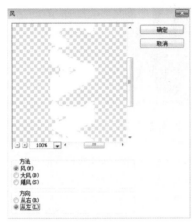

步骤 04 设置完成后单击"确定"按钮，按组合键 Ctrl +F 两次加强效果，执行编辑 > 变换 > 逆时针旋转 90 度"命令，如下图所示。

步骤 05 把得到的文字图层复制一层，得到"副本2"图层，执行"滤镜>模糊>高斯模糊"命令，设置参数，单击"确定"按钮，如下图所示。

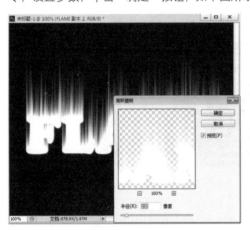

步骤 06 在"副本 2"图层下面新建一个图层填充为黑色，然后把黑色图层与"副本 2"图层合并，如下图所示。

步骤 07 执行"滤镜 > 液化命令"命令，涂抹出火苗效果，然后单击"确认"按钮，如下图所示。

步骤 08 按组合键 Ctrl+U，弹出"色相 / 饱和度"对话框，设置"色相"值为 42，"饱和度"为 100，将液化好的图层调成橙红色，效果如下图所示。

步骤 09 把调色后的图层复制一层，得到"副本 3"图层，图层混合模式改为"叠加"，加强火焰效果，如下图所示。

步骤 11 重复步骤 7 和步骤 8，对图层进行液化和调色，设置色相值为 35、饱和度为 100，效果如下图所示。

步骤 13 把原文字图层移到图层的最上面，按 Ctrl 键调出选区，如下图所示。

步骤 10 选中文字副本图层，执行"滤镜 > 模糊 > 高斯模糊"命令，设置数值为 2.8，单击"确定"按钮，然后在当前图层下面新建一个图层填充为黑色，把黑色图层和文字副本图层合并，如下图所示。

步骤 12 把文字副本图层移到图层的最上面，图层混合模式改为"强光"，效果如下图所示。

步骤 14 选择渐变工具，设置渐变颜色为 #ff6d15、#561a03，填充线性渐变，效果如下图所示。

课后练习

1. 选择题

(1) 以下哪种色彩模式可使用的内置滤镜最多_____。

    A. RGB   B. CMYK   C. 灰度   D. 位图

(2) 选择"滤镜>模糊"级联菜单下的_____菜单命令，可以产生旋转模糊效果。

    A. 模糊   B. 高斯模糊   C. 动感模糊   D. 径向模糊

(3) 选择"滤镜>杂色"级联菜单下的_____命令，可以用来向图像随机地混合杂点，并添加一些细小的颗粒状像素。

    A. 添加杂色   B. 中间值   C. 去斑   D. 蒙尘与划痕

(4) 选择"滤镜>渲染"级联菜单下的_____命令，可以设置光源、光色、物体的反射特性等，产生较好的灯光效果。

    A. 光照效果   B. 分层云彩   C. 3D变幻   D. 云彩

(5) 选择"滤镜>画笔描边"级联菜单下_____菜单命令，可以产生类似是饱含黑色墨水的湿画笔在宣纸上进行绘制的效果。

    A. 喷色描边   B. 油墨概况   C. 烟灰墨   D. 阴影线

2. 填空题

(1) Photoshop CS6为用户提供了很多种滤镜，其作用范围仅限于当前正在_____、_____图层或图层中的选区。

(2) 液化滤镜的原理是将图像以_____形式进行流动变化，让图像在适当的范围内用其他部分的像素图像替代原来的图像像素。

(3) 风格化类滤镜主要通过置换像素并且查找和提高图像中的_____，产生一种绘画式或印象派艺术效果。

(4) _____滤镜组收录在滤镜库中，用于模拟不同的画笔或油墨笔刷来勾画图像，使图像产生手绘效果。

3. 上机题

利用滤镜扭曲和纹理命令制作彩色小贝壳，如下图所示。

本章概述

动作和自动化操作是Photoshop软件逐步智能化、人性化和简易化的标志之一，它为用户提供了广阔的智能化和自动化操作平台。利用相关功能的设置，可以使软件本身自动完成一些复杂的或重复性的操作和任务，为设计者节省更多的时间。

核心知识点

❶ 认识"动作"面板以辅助对通道进行相关操作

❷ 熟练应用动作预设、录制并编辑新的动作，创建适合自己的动作预设

❸ 掌握Photomerge命令、批处理命令、图像处理器命令等的操作方法与技巧

9.1 认识动作面板

　　动作的操作基本集中在"动作"面板中，使用"动作"面板可以记录、应用、编辑和删除某个动作，还可以用来存储和载入动作文件。执行"窗口>动作"命令，打开"动作"面板，如下图所示。

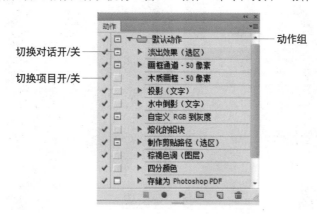

下面对面板进行详细介绍。

- **动作组**：默认情况下仅"默认动作"一个组出现在面板中，其功能与图层组相同，用于归类动作，单击面板底部的"创建新组"按钮▣即可创建一个新的动作组，打开"新建组"对话框，从中可设置新创建的动作组名称。
- **动作**：单击动作组前面的三角形图标▶，展开该动作组，即可看到该组中所包含的具体动作。这些动作是由多种操作构成的命令集。单击"创建新动作"按钮▣，打开"新建动作"对话框，在"名称"文本框输入名称即可。
- **操作命令**：单击动作前面的三角形图标▶，展开该动作即可看到动作中所包含的具体命令。这些具体的操作命令位于相应的动作下，是录制动作时系统根据不同操作作出的记录，一个动作可以没有操作记录，也可以有多个操作记录。
- **"切换对话开/关"按钮▢**：用于选择在动作执行时是否弹出各种对话框或菜单。若动作中的命令显示该按钮，表示在执行该命令时会弹出对话框以供用户设置参数；若隐藏该按钮，表示忽略对话框，动作按先前设定的参数执行。
- **"切换项目开/关"按钮✔**：用于选择需要执行的动作。关闭该按钮，可以屏蔽此命令，使其在动作播放时不被执行。
- **按钮组▣ ● ▶**：这些按钮用于控制动作，从左至右各个按钮的功能依次是停止播放/记录、开始记录、播放选定的动作。

9.2 动作的应用

动作是指完成某个特定任务的一组操作命令集合，是用于管理执行过的操作步骤的一种工具，它可以把大部分操作、命令及命令参数记录下来，供用户在执行其他相同操作时使用，从而提高工作效率。

9.2.1 应用预设

应用预设是指将"动作"面板中已录制的动作应用于图像文件或相应的图层上。具体方法是选择需要应用预设的图层，在"动作"面板中选择需执行的动作，然后单击"播放选定的动作"按钮▶即可运行该动作。

除了默认动作组外，Photoshop还自带了多个动作组，每个动作组中包含了许多同类型的动作。在"动作"面板中单击右上角的按钮▼，在弹出的菜单中选择相应的动作即可将其载入到"动作"面板中。这些可添加的动作组包括命令、画框、图像效果、LAB-黑白技术、制作、流星、文字效果、纹理和视频动作。

如下图所示为应用仿旧照片动作预设前后的对比效果图。

9.2.2 创建新动作

如果软件自带的动作仍无法满足工作需要，用户可根据实际情况，自行录制合适的动作。首先打开"动作"面板，单击面板底部的"创建新组"按钮▢，弹出"新建组"对话框如下左图所示，输入动作组名称，单击"确定"按钮。

继续在"动作"面板中单击"创建新动作"按钮▢，弹出"新建动作"对话框，输入动作名称，如下右图所示，选择动作所在的组，在"功能键"下拉列表中选择动作执行的快捷键，在"颜色"下拉列表中为动作选择颜色，完成后单击"记录"按钮。此时"动作"面板底部的"开始记录"按钮呈红色状态。软件开始记录用户对图像所操作过的每一个动作，待用户录制完成后单击"停止"按钮即可。

若要停止记录，单击"动作"面板底部的"停止播放/记录"按钮即可。记录完成后，单击"开始记录"按钮，仍可以在动作中追加记录或插入记录。

9.2.3 编辑动作预设

记录完成后，用户还可以对动作下的相关操作命令进行适当调整编辑，让动作预设更符合自身的需要。如果需要重新编辑一个动作，只需要双击该动作即可进行重新编辑。

在"动作"面板中，将命令拖曳至同一动作中或另一动作中的新位置，可以重新排列动作的位置。

若创建的动作类似于某个动作，则不需要重新记录，只需选择该动作，按住ALT键的同时拖曳，即可快速完成复制操作，如右图所示。

对于多余的不需要的动作命令，还可以从"动作"面板中删除。选择相应的动作命令后单击"删除"按钮🗑，在弹出的对话框中单击"确定"按钮即可实现删除操作。

实例24 应用动作预设快速调整图像色调

01 打开实例文件 \ 09 \ 实例 24\1.jpg 素材，执行"窗口 > 动作"命令，打开"动作"面板，如下图所示。

02 在"动作"面板中，选择"渐变映射"动作预设后单击"播放选定的动作"按钮▶。此时软件自动将图像调整为如下图所示的效果。

03 在"动作"面板中选择最后一步的"设置当前图层"命令，并单击"开始记录"按钮●，开始录制新的动作操作，如下图所示。

04 在"图层"面板中设置渐变图层的图层混合模式为"色相"，效果如下图所示。

05 按组合键 Ctrl+M，打开"曲线"对话框，在其中调整曲线，单击"确定"按钮，如下图所示。

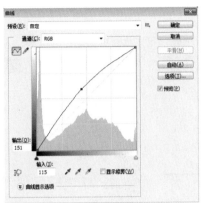

06 按组合键 Ctrl+B，打开"色彩平衡"对话框，在其中拖动滑块设置参数，完成后单击"确定"按钮，如下图所示。

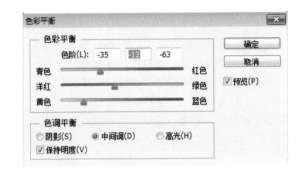

07 在"动作"面板中单击"停止"按钮■，退出动作的录制状态，如下图所示。

08 此时图像效果如下图所示。

9.3 自动化的应用

在Photoshop CS6中包含了一些内建的自动化工具，这些工具用于执行公共的制作任务，如操作批处理等，其中一些工具适合于在动作中使用，熟练掌握这些自动化命令能帮助用户提高工作效率。

9.3.1 Photomerge命令的应用

由于受广角镜头的制约，有时使用数码相机拍摄全景图像会变得比较困难。在新版本的软件中，选择Photomerge命令，可以将照相机在同一水平线拍摄的序列照片进行合成。该命令可以自动重叠相同的色彩像素，也可以由用户指定源文件的组合位置，系统会自动汇集为全景图。全景图完成之后，仍然可以根据需要更改个别照片的位置。

执行"文件>自动>Photomerge"命令，弹出Photomerge对话框如下左图所示，单击"添加打开的文件"按钮，完成后单击"确定"按钮。此时软件自动对图像进行合成。

在该对话框中，各选项的含义介绍如下。

- **版面**：用于设置转换为全景图片时的模式。
- **使用**：包括"文件"和"文件夹"。选择"文件"时，可以直接将选择的文件合并图像；选择"文件夹"时，可以直接将选择的文件夹中的文件合并图像。
- **"混合图像"复选框**：勾选该复选框，执行Photomerge命令后会直接套用混合图像蒙版。

- **"晕影去除"复选框**：勾选该复选框，可以校正摄影时镜头中的晕影效果。
- **"几何扭曲校正"复选框**：勾选该复选框，可以校正摄影时镜头中的几何扭曲效果。
- **"浏览"按钮**：单击该按钮，可以选择合成全景图的文件或文件夹。
- **"移去"按钮**：单击该按钮，可以删除列表中选中的文件。
- **"添加打开的文件"按钮**：单击该按钮，可以将软件中打开的文件直接添加到列表中。

下图所示为合成全景图前后的图像对比效果图。

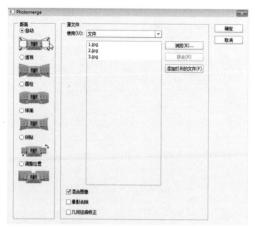

9.3.2 裁剪并修齐照片

"裁剪并修齐照片"命令可以将图像中不必要的部分进行最大限度的裁剪，还可以自动调整图像的倾斜度。例如在扫描图片时扫描了多张图片，可以利用"裁剪并修齐照片"命令将扫描的图片从大的图像分割出来，并生成单独的图像文件。

执行"文件> 自动> 裁剪并修齐照片"命令，系统自动将在同一幅图像上的4张照片裁剪为单独的照片图像，并以其图像的副本加序号的方式进行命名。如下图所示为使用"裁剪并修齐照片"命令前后的图像对比效果。

> **提示** 在使用"裁剪并修齐照片"命令前需预先确定各照片之间的间距，其间距必须大于或等于3mm。如果间距太小，Photoshop CS6会把两幅照片视为同一张照片，从而无法完成裁剪操作。

9.3.3 批处理图像的应用

批处理图像即成批量地对图像进行整合处理。批处理命令可以自动执行"动作"面板中已定义的动作命令，即将多步操作组合在一起作为一个批处理命令，快速应用于多张图像，同时对多张图像进行处理。使用批处理命令在很大程度上节省了工作时间，提高了工作效率。

执行"文件>自动>批处理"命令，打开"批处理"对话框，如下图所示。在"动作"下拉列表中设置对图像进行处理的动作。

在"源"选项组内，单击"选择"按钮，在弹出的对话框中指定要处理图像所在的文件夹位置。此时在对话框中可以看到在"选择"按钮后出现了需处理文件的目录地址。然后在"目标"下拉列表中选择"文件夹"选项，单击"目标"选项组内的"选择"按钮，在弹出的对话框中指定存放处理后图像的文件夹位置。随后可以看到在"选择"按钮后出现了处理后文件的目录地址。最后在"文件命名"选项组中设置图像文件重命名的方式，并单击"确定"按钮，之后软件会对图像进行处理。

在该对话框中，设置源文件的选择有4个："文件夹"、"导入"、"打开的文件"和Bridge。

● **文件夹**：可以指定一个文件夹作为源文件的来源。
● **导入**：可以选择置入的文件。
● **打开的文件**：表示选择打开的文件作为源文件。
● Bridge：弹出文件浏览器进行文件选择。

设置目标文件的选择有3个："无"、"存储并关闭"和"文件夹"。

● **无**：表示执行动作后文件依然保持打开。
● **存储并关闭**：表示将存储文件并覆盖原始文件。
● **文件夹**：表示将用与原有文件相同的名称把文件存储到一个新的文件夹中。

如下图所示为对图像进行批处理前后对比效果图。

9.3.4 图像处理器的应用

图像处理器能快速对文件夹中图像的文件格式进行转换，节省工作时间。

执行"文件> 脚本> 图像处理器"命令，打开"图像处理器"对话框，如右图所示。在"选择要处理的图像"选项组中，单击"选择文件夹"按钮，在弹出的对话框中指定要处理图像所在的文件夹位置。在"选择位置以存储处理的图像"选项组中，单击"选择文件夹"按钮，在弹出的对话框中指定存放处理后图像的文件夹位置。在"文件类型"选项组中，取消勾选"存储为JPEG"的复选框，勾选相应格式的复选框，完成后单击"运行"按钮，此时软件自动对图像进行处理。

如下图所示为使用图像处理器将JPEG图像批量转换为TIFF格式图像文件。

提示 在打开的"图像处理器"对话框的"文件类型"选项组中，用户可同时勾选多个文件类型的复选框，此时运用图像处理器将得到同时将文件夹中的文件转换为多种文件格式的图像。

9.3.5 将图层导出到PDF

在Photoshop CS6中，还可以将PSD的文件导出为PDF格式，以拓宽图像的应用领域。

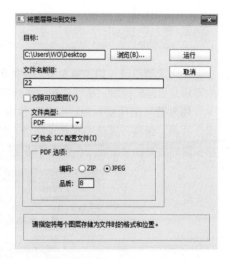

首先打开需要导出的PSD格式文件，执行"文件> 脚本> 将图层导出到文件"命令，弹出"将图层导出到文件"对话框，如右图所示，单击"浏览"按钮，在弹出的对话框中设置存放到处文件的目录地址，设置导出文件的类型为PDF，单击"运行"按钮，并在弹出的对话框中单击"确定"按钮确认导出，此时软件自动对图像进行处理。Photoshop CS6将PSD图像的中所包含的每一个图层单独导出为一个独立的PDF格式的文件。

提示 若在"将图层导出到文件"对话框中勾选"仅限可见图层"复选框，此时导出的图层仅为可见图层，隐藏的图层则不会被导出。

实例25 快速合成广角镜头下的图像

01 执行"文件 > 打开"命令，打开实例文件 \ 09 \ 实例25\1.jpg、2.jpg、3.jpg 素材，如下图所示。

02 执行"文件 > 自动 > Photomerge"命令，弹出 Photomerge 对话框，添加打开的文件，如下左图所示。单击"确定"按钮，效果如下右图所示。

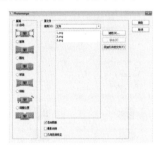

03 选择裁剪工具，将多余部分删除，效果如下图所示。

 ## 知识延伸：尝试插入路径

　　在记录动作时，如果需要将路径的创建过程插入到动作中，必须执行"插入路径"命令。插入路径的方法是创建路径后，从"动作"面板中选择"插入路径"命令即可。

　　如果要将路径插入到已有的动作中，可以在"动作"面板中选择需要在其后面插入路径的动作步骤，并在"路径"面板中选择该路径，然后选择"动作"面板中的"插入路径"命令，此时在所选择动作步骤的后面就会出现"设置工作路径"动作，如下图所示。

上机实训：为图像批量添加水印

学习本章的知识内容后，下面练习为图像批量添加水印的操作。

步骤 01 打开实例文件\ 09 \上机实训\手机\ 4.jpg 素材，如下图所示。执行"窗口>动作"命令，打开"动作"面板，单击面板底部的"创建新组"按钮，弹出"新建组"对话框，设置名称后单击"确定"按钮，如下图所示。

步骤 03 选择横排文字工具，输入文本，如下左图所示。选择文本，调整文本大小及位置，并设置不透明度为 45%，如下右图所示。

步骤 05 单击"确定"按钮，此时在相继弹出的对话框中单击"保存"按钮和"确定"按钮，软件会对图像进行处理，如下图和右图所示。

步骤 02 单击"动作"面板底部的"创建新动作"按钮，弹出"新建动作"对话框，输入名称，单击"记录"按钮，此时动作面板开始记录动作，如下图所示。

步骤 04 单击"动作"面板底部的"停止播放 / 记录"按钮，停止记录，如下左图所示。执行"文件 > 自动 > 批处理"命令，弹出"批处理"对话框，设置参数，选择文件路径，如下右图所示。

课后练习

1. 选择题

(1) 下列选项中是"动作"面板与"历史记录"面板都具有的特点_____。

    A. 在关闭图像后所有记录仍然会保留下来

    B. 都可以对文件夹中的所有图像进行批处理

    C. 虽然记录的方式不同，但都可以记录对图象所做的操作

    D. "历史"面板记录的信息要比"动作"面板广

(2) 下面操作过程是"动作"面板无法记录下来的是_____。

    A. 色彩平衡   B. 海绵工具

    C. 更改图像尺寸大小   D. 填充

(3) 若要复制动作面板中的某个命令，可以按住_____键拖曳该命令即可。

    A. Alt   B. Alt+Shift

    C. Ctrl   D. Ctrl+Alt

(4) 在Photoshop CS6中包含了一些内建的自动化工具，下列不属于自动化应用的是_____。

    A. 应用预设   B. 批处理

    C. Photomerge   D. 裁剪并修齐照片

2. 填空题

(1) 应用预设是指将"动作"面板中已录制的_____应用于图像文件或相应的图层上。

(2) 如果需要重新编辑一个动作，只需要_____该动作即可进行重新编辑了。

(3) Photomerge命令可以自动重叠相同的_____，也可以由用户指定源文件的组合位置，系统会自动汇集为_____。

(4) _____命令可将图像中不必要的部分最大限度地进行裁剪，还可自动调整图像的倾斜度。

3. 上机题

    利用本章所学知识，应用预设为图像添加相框，并调整图像色调，如下图所示。

02

PART

综合案例篇

综合案例篇共包含6章内容，此部分对Photoshop CS6的应用热点逐一进行理论分析和案例精讲，以使读者"知其然，更知识所以然"。

Chapter 10 企业 LOGO 设计

本章概述

随着社会发展，各种新事物不断出现，人们每天都会接收到大量来自外界的信息，那么如何使人们从这大量的信息中接受并记住企业的相关信息，便成为企业发展、竞争制胜的重要砝码。这其中最重要的一环是能够代表企业的LOGO，本章就将对这方面知识进行介绍。

10.1 行业知识导航

所谓LOGO，其实是徽标或商标的英文说法，它能起到对徽标持有者的识别和推广的作用，通过形象的LOGO，可以让消费者记住公司的品牌文化。LOGO作为企业CIS战略的最主要部分，在企业形象传递过程中，是应用最广泛、出现频率最高，同时也是最关键的元素。下面将对标志的相关知识进行详细介绍。

10.1.1 企业LOGO的作用

下面让我们来了解一下在业LOGO都会起到一些什么样的作用。

1. 识别性

识别性是企业标志的重要功能之一。特点鲜明、容易识别、含义深刻、造型优美的标志，总会让人过目不忘，使受众对企业留下深刻印象，从而更好地区别于同行业的其他企业、产品或服务。

2. 领导性

标志是企业视觉传达要素的核心，也是企业开展信息传播的主导力量，在视觉识别系统中，标志的造型、色彩和应用方式直接决定了其他识别要素的形式，其他要素都要围绕标志这个中心而建立。标志的领导地位是企业经营理念和活动的集中体现，贯穿于企业所有的经营活动中，具有权威性的领导作用。

3. 统一性

标志代表着企业的经营理念、文化特色、价值取向，反映企业的产业特点和经营思路，是企业精神的具体象征。大众对企业标志的认同等同于对企业的认同，标志不能脱离企业的实际情况，违背企业宗旨。只做表面形式工作的标志，会失去标志本身的意义，甚至对企业形象造成负面影响。

4. 涵概性

随着企业的经营和企业信息的不断传播，标志所代表的内涵日渐丰富，企业的经营活动、广告宣传、文化建设、公益活动都会被大众接受，并通过对标志符号的记忆刻画在脑海中。然后经过日积月累，当大众再次见到标志时，就会联想到曾经购买的产品、曾经享受的服务，从而将企业与大众联系起来，成为连接企业与受众的桥梁。下图所示为世界知名企业的LOGO设计。

中文版Photoshop CS6艺术设计实训案例教程

10.1.2　企业LOGO的特点

一般来说，企业LOGO具有以下特点。

1. 功能性

LOGO的本质在于它的功能性。经过艺术设计的标志虽然具有观赏价值，但标志主要不是为了供人观赏，而是为了实用。有为社会团体、企业、慈善和活动专用的LOGO，如会徽、会标、厂标和社标等；有为某种商品产品专用的商标；还有为集体或个人所属物品专用的LOGO，如图章、签名、花押、落款和烙印等。它们各自都具有不可替代的独特功能，如下图所示。

2. 显著性

LOGO最突出的特点是各具独特的面貌，易于识别，能标识事物间不同的意义、区别与归属。各种标志直接关系到国家、集团乃至个人的根本利益，决不能相互雷同、混淆，以免造成错觉。通常，色彩强烈醒目、图形简练清晰是标志最基本的特征，如下图所示。

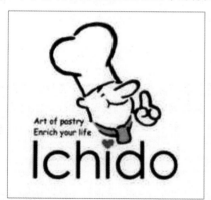

3. 多样性

标志种类繁多、用途广泛，无论从其应用形式、构成形式以及表现手段来看，都有着极其丰富的多样性。其应用形式不仅有平面的（几乎可利用任何物质的平面），还有立体的（如浮雕、园雕、任意形立体物或利用包装、容器等的特殊式样做标志等）；就表现手段来看，其丰富性和多样性几乎难以概述，而且随着科技、文化和艺术的发展，总在不断创新。

4. 艺术性

凡经过设计的非自然标志都具有某种程度的艺术性。既符合实用要求，又符合美学原则，给人以美感，是对其艺术性的基本要求。一般来说，艺术性强的标志更能吸引和感染人，给人以强烈和深刻的印象，如下图所示。标志的高度艺术化是时代和文明进步的需要，是人们越来越高的文化素养的体现和审美心理的需要。

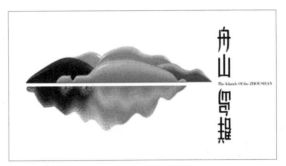

5. 准确性

标志无论要说明什么、指示什么，无论是寓意还是象征，其含义必须准确。首先要易懂，符合人们的认知心理和认知能力。其次要准确，避免意料之外的多解或误解，尤应注意禁忌。让人在极短时间内一目了然、准确领会无误，这正是标志优于语言、快于语言的长处。

6. 持久性

标志与广告或其他宣传品不同，它具有长期使用的价值，不能轻易改动，否则将不能收到预期的宣传效果。

10.1.3 企业LOGO的表现手法

企业LOGO在设计时，通常会应用到以下表现手法。

1. 表象手法

采用与标志对象直接关联且具典型特征的形象，直述标志目的。这种手法直接、明确、一目了然，易于迅速理解和记忆。例如表现学校、教育事业的LOGO一般用书的形象，表现铁路运输业的LOGO一般用火车头的形象，表现银行业的LOGO一般以钱币形象为标志图形。

2. 象征手法

采用与标志内容有某种意义上联系的事物图形、文字、符号和色彩等，以比喻和形容等方式象征标志对象的抽象内涵，如用挺拔的幼苗象征少年儿童的茁壮成长等。同时，象征性标志往往采用已为社会约定俗成认同的关联物象作为有效代表物，如用鸽子象征和平，用雄狮和雄鹰象征英勇，用日、月象征永恒，用松鹤象征长寿，用白色象征纯洁等。这种手段蕴涵深邃，适应社会心理，为人们喜闻乐见。

3. 寓意手法

采用与标志含义相近似或具有寓意性的形象，以影射、暗示、示意的方式表现标志的内容和特点。例如用伞的形象暗示防潮湿，用箭头形象示意方向，用玻璃杯的形象暗示易破碎等。

4. 视感手法

采用并无特殊含义的简洁而形态独特的抽象图形、文字或符号，给人一种强烈的现代感、视觉冲击感或舒适感，引起人们注意并难以忘怀。这种手法不靠图形含义而主要靠图形、文字或符号的视感力量来表现标志，如李宁牌运动服将拼音字母"L"横向夸大为标志等。为使大众能够辨明所标志的事物，采用这种表现手法的标志往往配有少量小字，一旦人们认同这个标志，去掉小字也能辨别它。

中文版Photoshop CS6艺术设计实训案例教程

10.1.4 企业LOGO的色彩

色彩信息传播的速度，比点、线、面对人的视觉冲击力更强更快，它以每秒30万公里的光速传入人的眼睛，是一种先声夺人的广告语。这一功能常被用在一些指示"紧急"和"危险"的汽车上，如红色救火车、白色救护车，具有高度提示人们的警觉与注意力的功能。为此，品牌设计者必须认真学习与研究色彩的感情、色彩的冷暖以至色彩的轻重感、色彩的软硬感、色彩的空间感、色彩的味觉感等。

色彩的感觉指不同色彩的色相、色度和明度给人带来不同的心理暗示。品牌设计者需要掌握以下色彩感觉。

1. 色彩的感情

红色——热烈、刺激、温暖
黄色——中性、高贵、较安静
绿色——中性、活力、青春、和平、较安静
蓝色——给人清冷、恬静、深远感
白色——给人纯洁、干净、凄凉感
黑色——给人庄重、朴实、悲哀感

2. 色彩的冷暖感

红色、橙色、黄色为暖色；紫色、蓝色为暖色之间的中间色，给人清凉的感觉。青色、绿色属冷色。

3. 色彩的轻重感

明度强的颜色感觉轻，明度弱的颜色感觉重，也就是说浅色给人感觉轻，深色给人感觉重。

4. 色彩的柔软感

暖色、亮色感觉软而柔和，冷色、暗色感觉硬而坚固。

5. 色彩的空间感

明度较强的色彩感觉远，明度较弱的色彩感觉近。

6. 色彩的味觉感

黄色、蓝色、绿色，给人酸味感，白色、乳黄色、粉红色给人甜味感，茶色、暗绿色、黑色给人苦味感，红色给人辣味感。

10.1.5 经典企业LOGO欣赏

下图是一些经典企业LOGO欣赏。

10.2 制作企业LOGO——爱尔堡儿童手工乐园

本节将以爱尔堡儿童手工乐园的标志设计为例展开介绍。

10.2.1 创意风格解析

下面让我们了解一下本实例的创意风格。

1. 设计思想

本实例制作的是一则爱尔堡儿童手工乐园的标志设计效果图。本实例主要通过图形运算使图形巧妙拼合在一起，重点在于构图的饱满和图像的组合上。设计时首先通过椭圆工具绘制椭圆图像并将其定义为图案，再在爱尔堡儿童手工乐园图像中填充图案，然后通过形状工具绘制形状，并通过图形运算，制作出城堡图形，最后为图形添加图层样式，完成标志的制作。

2. 实践目标

本实例的主要实践目标在于让用户熟练掌握标志的制作流程。

10.2.2 自定义图案

步骤 01 执行"文件 > 新建"命令，新建宽度和高度分别为 3.5 厘米和 5 厘米、分辨率为 300 像素 / 英寸、背景色为白色的图像，命名为"爱尔堡儿童手工乐园"，如下图所示。

步骤 02 继续新建宽度和高度均为 2 厘米、分辨率为 300 像素 / 英寸、背景色为透明的图像，将其命名为"图案"，如下图所示。

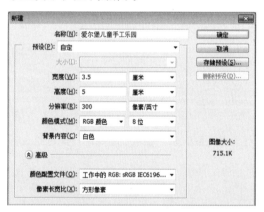

步骤 03 设置前景色为淡黄色，选择工具箱中的椭圆工具，设置属性栏"选择工具模式"为"像素"。在图中单击，弹出"创建椭圆"对话框，设置参数，然后单击"确定"按钮关闭对话框，如右图所示。新建"图层2"，为其填充任意颜色，并将其放置于"图层"面板的最底端，如下图所示。

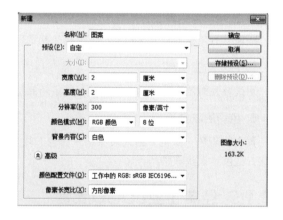

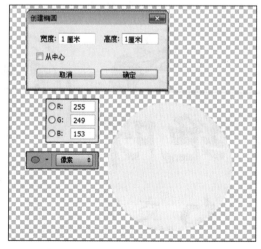

步骤04 选择移动工具 ，同时选中"图层1"和
"图层2"，在属性栏中单击"垂直居中对齐"按
钮 和"水平居中对齐"按钮 ，将圆形图案调
整至画布中心，然后删除"图层2"。执行"编
辑>定义图案"命令，弹出"图案名称"对话
框，将其命名为"图案填充"，然后单击"确
定"按钮关闭对话框，如右图所示。

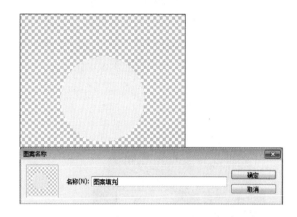

10.2.3 制作企业LOGO

步骤01 切换至"爱尔堡儿童手工乐园"图像，在
"图层"面板底部单击"创建新的填充或调整图层"
按钮，在弹出菜单中选择"图案"命令，打开"图案
填充"对话框，设置"缩放"为2%，如下图所示。

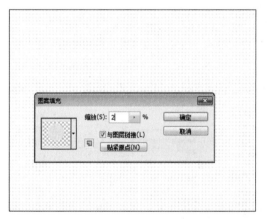

步骤02 设置前景色为玫红色，选择钢笔工具 ，
并参照下图所示设置属性栏中的选项，然后绘制房
子的路径外观。

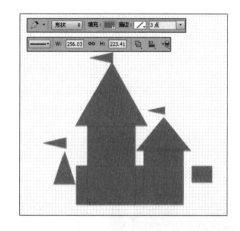

步骤03 选择钢笔工具 ，参照下图所示设置属性
栏，继续绘制窗户路径。

步骤04 单击"图层"面板底部的"添加图层样
式"按钮 ，在弹出的菜单中选择"内发光"命
令，打开"图层样式"对话框并设置参数，如下
图所示，为当前"房子形状"图层添加"内发
光"图层样式效果。

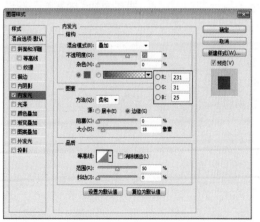

步骤 05 设置前景色为绿色，选择椭圆工具 ⬭，设置属性栏中的"选择工具模式"为"形状"，然后按住 Shift 键绘制正圆，如下图所示。

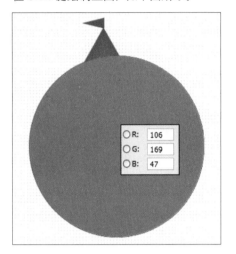

步骤 06 选择矩形工具 ▭，设置其属性栏，然后绘制矩形形状，如下图所示。

步骤 07 选择路径选择工具 ▸，按组合键 Ctrl+T 进行自由变换，略微调整矩形位置，效果如下图所示。

步骤 08 单击"图层"面板底部的"添加图层样式"按钮 fx，在弹出的菜单中选择"内发光"命令，弹出"图层样式"对话框并设置其相应参数，如下图所示。

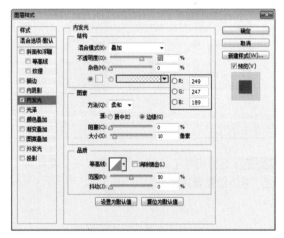

步骤 09 为"草地形状"图层添加"内发光"图层样式的效果如右图所示。

步骤 10 设置前景色为浅蓝色，绘制第一层海洋形状，复制之前的矩形路径和圆形路径。选择路径选择工具 ▶，配合组合键 Ctrl+T 对矩形位置进行调整，如下图所示。

步骤 11 为"海洋形状 1"图层添加"外发光"样式。按住 Alt 键的同时拖动"草地形状"图层缩览图后的图层样式按钮，复制其图层样式效果到"海洋形状 1"图层，如下图所示。

步骤 12 双击"海洋形状 1"图层缩览图后的空白处，弹出"图层样式"对话框，从中设置内发光参数，如右图所示。设置完成后单击"确定"按钮，效果如下图所示。

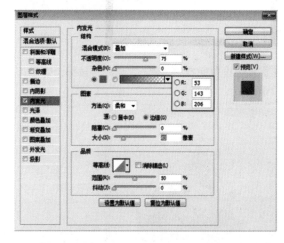

步骤 13 新建"海洋形状 2"图层，设置前景色为深蓝色，复制之前的矩形路径和圆形路径，粘贴至新建的"海洋形状 2"图层。选择路径选择工具 ▶，配合组合键 Ctrl+T 对矩形位置进行调整，得到如下图所示的效果。

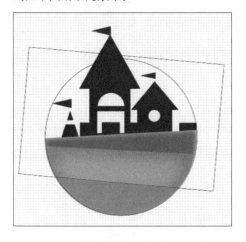

步骤 14 使用同样的方法复制"海洋形状 1"图层的图层样式效果到"海洋形状 2"图层，为"海洋形状 2"图层添加"外发光"图层样式，效果如下图所示。

步骤 **15** 新建"图层1"制作边框。选择矩形工具
▣绘制路径，将路径转换为选区，使用组合键
Ctrl+Shift+I反选选区，并填充黑色，效果如下图
所示。

步骤 **16** 单击"图层"面板底部的"添加图层样
式"按钮 *fx.*，在弹出的菜单中选择"颜色叠加"
命令，为"图层1"添加"颜色叠加"图层样
式，其参数设置如下图所示。

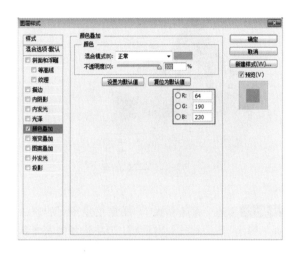

步骤 **17** 设置完成后，单击"确定"按钮，效果如
下图所示。

步骤 **18** 新建文字图层，为其添加文字标题装饰效
果，调整其位置，最终效果如下图所示。

10.3 拓展练习

　　本章立足标志设计这个课题，分别对标志的作用、特点、表现手法和色彩运用等相关知识进行了介绍。文中对标志的作用、表现手法和色彩的运用做了详细分析，力求让读者掌握并熟悉标志设计的流程。接下来再练习以下案例，以实现由理论到实践的转变。

制作服装标志

| 原始文件：无 |
| 最终效果：实例文件\ 10 \拓展\ 1 \服装标志.psd |
| 设计难度：高 |

制作休闲食品标志

| 原始文件：无 |
| 最终效果：实例文件\ 10 \拓展\ 2 \休闲食品.psd |
| 设计难度：高 |

制作小胖娃食品标志

| 原始文件：无 |
| 最终效果：实例文件\10\拓展\3\小胖娃食品标志.psd |
| 设计难度：高 |

制作房产标志

| 原始文件：实例文件\10\拓展\4\树.jpg |
| 最终效果：实例文件\10\拓展\4\房产标志.psd |
| 设计难度：高 |

Chapter 11 户外广告设计

本章概述

在现代生活中，人们随处可见户外广告，户外广告具有一定的强迫诉求性质，即便是匆匆赶路的人也可能因为对广告的随意一瞥而留下印象。户外广告与市容浑然一体的效果，往往使消费者非常自然地接受了广告。本章将对该种广告的设计思路及方法进行介绍。

11.1 行业知识导航

顾名思义，户外广告即指那些能在露天或公共场合通过广告表现形式，同时向许多消费者进行诉求，且能达到推销商品目的的媒体。

11.1.1 户外广告的特征

户外广告大致分为平面和立体两大类，其中平面广告包括路牌广告、招贴广告、壁墙广告、海报和条幅等。立体广告包括霓虹灯、广告柱以及广告塔灯箱广告等。在户外广告中，路牌和招贴是最为重要的两种形式。

户外广告一方面可以根据地区的特点选择广告形式，如在商业街、广场、公园和交通工具上选择不同的广告表现形式，且户外广告也可以根据某地区消费者的共同心理特点和风俗习惯来设置。另一方面，户外广告可为经常在此区城内活动的固定消费者提供反复宣传，使其印象强烈。

总的来说，户外广告具有如下几个方面的特点。

1. 传播到达率高

通过策略性的媒介安排和分布，户外广告能创造出理想的到达率。据实力传播的调查显示，目前户外媒体的到达率仅次于电视媒体，位居第二。

2. 视觉冲击力强

在公共场所树立巨型广告牌这一古老方式历经千年的实践，表明其在传递信息、扩大影响方面的有效性。很多知名的户外广告牌，或许因为它的持久和突出，成为这个地区远近闻名的标志，人们或许对街道楼宇都视而不见，而唯独这些林立的巨型广告牌却久久难以忘怀。

3. 发布时间段长

许多户外媒体是持久地、全天候发布的。它每周7天、每天24小时都站立在那里，这一特点令其更容易被受众见到。

4. 城市覆盖率高

在某个城市结合目标人群，正确选择发布地点以及使用正确的户外媒体，您可以在理想的范围内接触到多个层面的人群，您的广告就可以和受众的生活节奏配合的非常好。

11.1.2 户外广告媒介类型

户外广告的媒介类型大致包含如下两种。

1. 自设性户外广告

所谓自设性户外广告是指以标牌、灯箱和霓虹灯单体字等为媒体形式，在本单位登记注册地址，利用自有或租赁的建筑物、构筑物等阵地，设置的企事业单位、个体工商户或其他社会团体的名称。

2. 经营性户外广告

所谓经营性户外广告是指在城市道路、公路、铁路两侧、城市轨道交通线路的地面部分、建筑物上，以灯箱、霓虹灯、电子显示装置、展示牌等为载体形式以及在交通工具上设置的商业广告。

11.1.3 户外广告设计欣赏

11.2 制作户外广告——果汁户外广告设计

本节将对果汁的户外广告设计进行展开介绍。

11.2.1 创意风格解析

1. 设计思想

本实例制作的是一则果汁户外广告的效果图，主要运用到选区、抠图和蒙版等知识。通过图层蒙版使图像巧妙拼合在一起。首先添加果树背景图像，复制背景，通过运用仿制图章工具修补背景上的果子，使用多边形套索工具创建选区，运用图层蒙版制作果汁瓶贴纸，复制"背景"图层并通过移动图层上的蒙版，增强画面的层次感，最后添加标志和广告语等完成本实例的制作。

2. 实践目标

本实例的主要实践目标在于让用户熟练户外广告的制作流程，通过对素材的再加工创建出新奇的画面。涉及到了仿制图章工具修补图像、多边形套索工具创建选区、添加和编辑图层蒙版、自由变换和高斯模糊滤镜等的运用。

11.2.2 制作户外广告

步骤 01 执行"文件 > 新建"命令，新建宽度和高度分别为 30 厘米和 13 厘米，分辨率为 300 像素 / 英寸、颜色模式为 CMYK、背景色为白色的文档，命名为"果汁户外广告"，单击"确定"按钮关闭对话框，如下图所示。

步骤 02 打开实例文件 \ 11 \ 果树.jpg、瓶装果汁.jpg 图片，拖动到新建文档中，使用组合键 Ctrl+T 进行自由变换，调整图片位置与大小，如下图所示。

步骤 03 选择仿制图章工具![tool]，适当修整图片中梨子的外形，效果如下图所示。

步骤 05 使用组合键 Ctrl+J 复制"图层 2"和其图层蒙版到新建图层，调整图层蒙版位置，修改图层蒙版透明度为 50%，如下图所示。

步骤 07 切换到"果树.jpg"文件中，使用【快速选择工具】![tool] 选中左侧的梨子图像，将其拷贝、粘贴到新建的文档中。

步骤 08 在该户外广告文档中，使用【钢笔工具】![tool] 参照下图绘制方形路径。

步骤 09 隐藏其他图层，将路径转换为选区，单击【图层】面板底部的【添加图层蒙版】![btn] 按钮，为梨子图像所在的图层添加图层蒙版，如下图所示。

步骤 04 单击"图层"面板底部"添加图层蒙版"按钮![btn]，为"图层 2"添加图层蒙版，如下图所示。

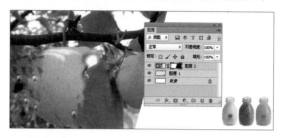

步骤 06 使用同样的方法，复制"图层 2 副本 2"到新建图层，调整图层蒙版位置，修改图层蒙版透明度为 30%，效果如下图所示。

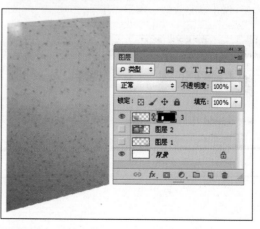

步骤 10 使用同样方法，通过绘制路径、转化选区，创建出饮料瓶的大致外形，如下图所示。

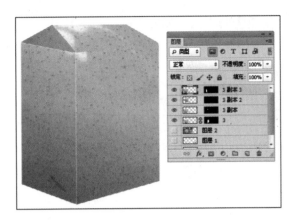

步骤 11 单击"图层 4"的图层缩览图，载入选区，然后单击"图层"面板底部的"创建新的填充或调整图层"按钮 ◉.，在弹出的菜单中选择"渐变"命令，打开"渐变填充"对话框，双击打开"可编辑渐变"复选框，弹出"渐变编辑器"对话框，参照如下图所示的参数进行设置，最后单击"确定"按钮关闭对话框。

步骤 12 返回到"渐变填充"对话框，修改缩放参数为150%，设置完成后单击"确定"按钮，关闭"渐变填充"对话框，效果下图所示。

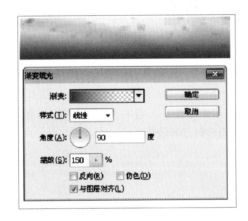

步骤 13 新建"图层5"，按住Ctrl键的同时单击"图层3"的图层蒙版载入选区，选择渐变工具 ▣，双击属性中的渐变编辑器，打开"渐变编辑器"对话框，调整颜色为渐变到透明，然后单击"图层5"做出高光效果，如下图所示。

步骤 14 使用同样的方法，载入"图层 3 副本"的蒙版选区，做出如下图所示的高光效果。

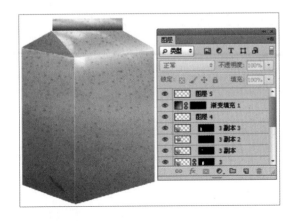

步骤 15 按住Ctrl键的同时单击"图层3副本3"的图层蒙版并载入选区，单击"图层"面板底部的"创建新的填充或调整图层"按钮 ，在弹出的菜单中选择"渐变"命令，在打开的"渐变填充"对话框中单击渐变选项，打开"渐变编辑器"对话框，更改颜色到透明，单击"确定"按钮，如下图所示。

步骤 16 返回到"渐变填充"对话框，更改相关参数，最后单击"确定"按钮。最终强化盒子的阴影效果，如下图所示。

步骤 17 新建"图层 6"，选择多边形套索工具 ，选择右图示选区范围，并使用相同的方法为其添黑色到透明渐变的阴影。

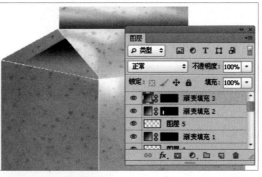

步骤 18 复制"渐变填充 3"图层到新建"渐变填充3"图层副本，然后隐藏"渐变填充3"图层副本，并在"渐变填充 3 副本"图层右侧空白处单击，在弹出的菜单中选择"转换为智能对象"命令，将该图层转换为智能图层。执行"滤镜 > 模糊 > 高斯模糊"命令，弹出"高斯模糊"对话框，修改相关参数，如右图所示。

步骤 19 调整前景色为黑色，新建"图层 6"，然后选择画笔工具，在属性栏中调整笔尖到合适大小，在图像中添加阴影，同时使用快捷键 Ctrl+L 自由变化，调整阴影的旋转角度和位置，如右图所示。

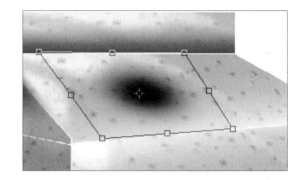

步骤 20 更改"图层 6"的图层混合模式为"叠加"，效果如右图所示。

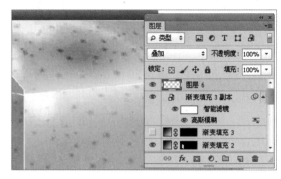

步骤 21 打开实例文件 \ 11 \ 瓶盖 .jpg，将"瓶盖"素材拖至其中，使用组合键 Ctrl+T 进行自由变换，调整其大小和旋转角度，效果如右图所示。

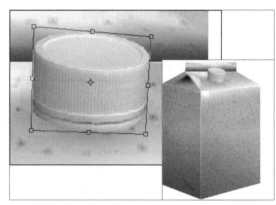

步骤 22 复制"图层 3"，删除图层蒙版，调整前景色为黑色，选择多边形套索工具，绘制如右图所示的选区，然后为其添加蒙版，制作饮料盒封口的"厚度"细节。依次单击"图层 2 副本"、"图层 2 副本 2"、"图层 2 副本 3"图层前的按钮，将其显示，查看饮料盒在背景中的位置。接着新建文字图层，并输入如下右图所示的文字内容。

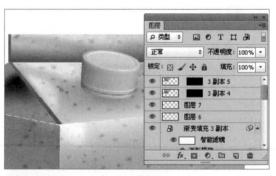

11.3 拓展练习

　　本章立足户外广告这个课题，分别对户外广告的特征、广告媒介类型等相关知识进行了总结性概述。让读者全方位对户外广告设计有一个总体的了解和认识。为了使读者能够更好地掌握该类广告的设计，下面将给出一些练习案例，以供读者模仿制作。

💬 制作房地产户外广告

原始文件：实例文件\11\拓展\1\房产标志.jpg、
　　　　　植物.jpg、雕塑.psd、制作图案.psd

最终效果：实例文件\11\拓展\1\房地产户外广告.psd

设计难度：高级

💬 制作啤酒户外灯箱广告

原始文件：实例文件\11\拓展\2\沙滩啤酒标志.jpg
　　　　　海浪.jpg、蓝天白云.jpg、啤酒.jpg、
　　　　　沙滩啤酒.jpg

最终效果：实例文件\11\拓展\2\啤酒户外灯箱广告.psd

设计难度：高级

💬 制作橱柜户外广告

原始文件：实例文件\11\拓展\3\橱柜.jpg

最终效果：实例文件\11\拓展\3\橱柜户外广告.psd

设计难度：高级

💬 制作旅游户外广告

原始文件：实例文件\11\拓展\4\殷墟.jpg、
　　　　　水墨背景.jpg、殷墟字体.psd

最终效果：实例文件\11\拓展\4\旅游户外广告.psd

设计难度：高级

本章概述

产品包装设计将美学元素与商品信息完美地结合在一起，形成精美的包装艺术，不仅具有使用价值，还具有观赏与收藏价值。包装设计与其他门类的设计有共通之处，也有自身独特的地方，涵盖了许多方面的知识，这些都是需要读者了解和学习的。

12.1 行业知识导航

提到包装，也许大家并不陌生，它泛指一切事物的外部形式。通常，商品包装应该包括商标或品牌、形状、颜色、图案和材料等要素。下面将首先对包装的概念、分类等相关知识进行系统介绍。

12.1.1 包装的概念

所谓包装，即指在流通过程中用于保护产品、方便贮运、促进销售，按一定技术方法而采用的容器、材料及辅助物等的总称。包装在不同国家和组织有不同的含义，但其核心内容是一致的，都是围绕着包装的功能和作用来叙述的。

包装在商品经济中扮演着一个特殊的角色，是非物质的，而产品是物质的。非物质的包装与物质的产品相结合，就演变成为了商品。商品使物质与非物质的力量交织在一起，在流通中展现出多姿多彩的灵光，从而给日常生活增添了一道亮丽的风景线，如下图所示。

最初，包装只起到保护商品的作用，但随着观念的改变，包装的用途发生了一定的改变。下面将从几个方面进行分析。

1. 保护商品

保护商品可以说是包装最基本的作用，它可以使商品免受风吹、日晒、雨淋、灰尘沾染等自然因素的侵袭，防止挥发、渗漏、溶化、沾污、碰撞、挤压及散失等损失。

2. 实现和增加商品价值

包装可以帮助商品更好地实现其自身价值，并且是增加商品价值的一种手段，这个作用从实际买卖中就可以发现，有着精美包装的商品往往比普通包装的商品更吸引人们的眼球。

3. 方便管理

商品有了包装就更方便管理，为商品的各个流通环节带来方便，如装卸、盘点、发货、收货、转运和销售统计等。

12.1.2 包装的分类

包装的分类有很多种，在此将从造型设计上进行分类，这主要是因为包装的造型是比较直观形象的，例如盒式包装、袋式包装、瓶式包装、罐式包装、桶式包装、开放式包装和特殊材料包装等。

1. 盒式包装

盒式包装常见于商品的中、外包装，配合一些印刷工艺，具有独具风格的外观，盒式包装一般采用纸质作为包装材料，如下图所示。

2. 袋式包装

袋式包装是使用频率比较高的包装之一，造型相对比较简单，常以塑料为包装原材料，是一种使用起来十分方便的包装，如下图所示。

3. 瓶式包装

瓶式包装通常采用玻璃、陶瓷、塑料或金属等作为原材料，多用于食品、化妆品、化工、药品、工业类产品等的包装，如下图所示为饮料瓶式包装。

4. 罐式包装

罐式包装常用于食品包装，例如饮料包装罐、罐头包装罐等，如下图所示。

5. 桶式包装

桶式包装造型在结构上较为坚固，采用该包装形式的产品多为液体和粉状物，如下图所示的桶式包装设计。在针对化学品设计包装时，应特别注意材料的耐腐蚀程度，温度、光线或外界的隔绝性，以确保商品、使用者和环境的安全性。

6.开放式包装

这种包装形式可以使消费者直观地观察到内部的商品状态，它一般在商品外包装的前面、前面和侧面或前面和两侧面等位置开窗，如下图所示。

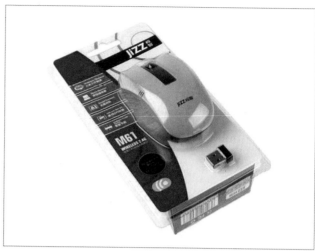

7.特殊材料包装

该包装形式一般指吸塑成型材料的包装、木质材料的包装、编织材料的包装以及自然形态材料的包装设计。由于包装的取材与其他的不同，而使其造型区别于常见的包装设计，如下图所示。

除上述分类方法外，包装还可以根据以下方法分类。

- **按被包装物可分为**：食品包装、药品及保健品包装、化妆品包装、日用品包装、服装包装、化学物品包装、危险品包装等。
- **按行业分类可分为**：商业包装、工业包装、农产品包装、军用包装、电子电器产品包装等。

商品的多样化造就了商品包装的多元化，并且同类的商品也有不同风格的包装。无论按哪一种标准分类，包装的宗旨都是一样的，都是在为产品服务，都体现了产品独具的特色，都起着不可忽视的宣传作用。

12.1.3 包装的选材

商品包装所用材料表面的纹理和质感往往会影响到商品包装的视觉效果。在进行设计的过程中，利用不同材料的表面变化或表面形状可以达到商品包装的最佳效果。包装材料的种类繁多，主要包括纸类材料、塑料材料、玻璃材料、金属材料、陶瓷材料、竹木材料以及其他复合材料等。

运用不同的材料，并恰到好处地加以组合配置，可给消费者以新颖、奇特、凉爽或奢华等不同的感觉。材料要素是包装设计的重要环节，它直接关系到包装的整体功能、经济成本、生产加工方式及包装废弃物的回收处理等多方面的问题。

在选择包装材料时，需要考虑是否具备以下性能。

1. 安全性能

包装材料本身的毒性要小，以免污染产品和影响人体健康；包装材料应无腐蚀性，并具有防虫、防蛀、防鼠、抑制微生物等性能，以保证产品安全。

2. 经济性能

包装材料应来源广泛、取材方便、成本低廉，使用后的包装材料和包装容器应易于处理，不污染环境，以免造成公害。

3. 机械性能

包装材料应该可以有效地保护产品，需要具有一定的强度、韧性和弹性等机械性能，以适应压力、冲击、振动等静力和动力因素的影响。

4. 阻隔性能

根据对产品包装的不同要求，包装材料应对水分、水蒸气、气体、光线、芳香气、异味、热量等具有一定的阻挡。

5. 加工性能

包装材料应宜于加工，易于制成各种包装容器，还应该适应包装作业的机械化与自动化，最终投入到大规模的生产和印刷程序中。

12.1.4 包装中的工艺

为了使自己设计的包装更独特另类，吸引消费者的注目，下面将对包装中常见的工艺进行介绍。

1. 膜压

模压包括模切和压痕两种工艺。

- **模切**：一个印刷品在完成印刷后，都是要经过"裁切"这道工序的。但通过正常手段只能裁切出简单的直边或斜边来。而模切则可以实现制作印刷品不规则的边缘。设计人员负责模切的形状设计，印刷厂或专门的公司负责模具的制作。印刷厂在制作模切模具时，会依据设计人员绘制的形状，在木板上锯出相应的线槽，并在需要裁切的线槽上安放刀刃片，然后经加工制成模切模具。当印刷完成时，将会使用该模具及专用设备对印刷品进行模切。
- **压痕**：压痕工艺分为压线和压纹。压线利用压线刀或压线模通过压力在印刷品上压出线痕或利用滚线轮在印刷品上滚出线痕，使印刷品以按预定位置弯折成型。压纹利用阴阳模在压力作用下将板料压出凹凸或其他条纹形状。

一般情况下，把模切刀和压线刀组合在同一个模切版内，在模切机上同时进行模切和压痕加工，故简称为模压。

2. 烫金

将金属印版加热，施箔，在印刷品上压印出金色文字或图案。随着烫印箔及包装行业的飞速发展，电化铝烫金的应用越来越广泛。

烫金工艺的原理是利用热压转移的原理，将电化铝中的铝层转印到承印物表面以形成特殊的金属效果，因烫金使用的主要材料是电化铝箔，因此烫金也叫电化铝烫印。烫金的主要功能有两种，其一是表面装饰，提高产品的附加值。烫金与压凹凸工艺等其他加工方式相结合，更能显示出产品强烈的装饰效果；其二是赋予产品较高的防伪性能，如采用全息定位烫印商标标识等。

产品烫金后图案清晰、美观，色彩鲜艳夺目，耐磨。目前印制烟标上的烫金工艺应用占85%以上，在平面设计上，烫金可以起到画龙点睛、突出设计主题的作用，特别适用于商标、注册名的装饰使用。

3. 烫银

烫银是面料风格工艺后处理的一种。工艺原理与烫金基本是一样的，只不过二者所选用的材料有一定的不同，外观上看一个是金色光泽，一个是银色光泽。

12.1.5 经典产品包装欣赏

12.2 制作产品包装——内衣包装设计

本节将以一款时尚内衣包装设计为例展开介绍。

12.2.1 创意风格解析

1. 设计思想

本实例制作的是一则内衣包装效果图。以穿着本产品内衣的模特为主体，配以背景和装饰花纹，烘托出产品高档奢华的效果。本实例主要运用通道、选区、抠图完成，创建参考线，通过添加参考线创建刀版线，重点在于构图的饱满和图像的组合上。首先添加人物图像，通过通道抠图的方法去除人物背景，然后使用矩形选框工具根据刀版线的位置为包转的各个面填充金色渐变，添加欧式花纹图像装饰背景，最后添加包装上的装饰图形及文字信息，完成包装的设计制作。

2. 实践目标

本实例的主要实践目标在于让用户熟练掌握包装的制作流程，通过对包装的形状及包装上图案的设计创建出增加产品价值的画面。涉及通道抠图、添加参考线和绘制选区并填充渐变以及文字工具的运用。

12.2.2 制作产品包装

步骤01 执行"文件 > 新建"命令，打开"新建"对话框，对其参数进行设置，设置完成后单击"确定"按钮，如下图所示。

步骤02 设置前景色为灰色，单击"图层"面板底部的"创建新的填充或调整图层"按钮，在弹出的菜单中选择"渐变"命令，打开"渐变填充"对话框，如下图所示。

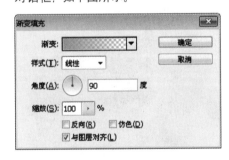

步骤03 默认"渐变填充"对话框中的其他参数设置，双击"渐变编辑器"，打开相应的对话框，从中设置相关参数并确认，如下图所示。

步骤04 单击"渐变填充1"图层前的图标，将其暂时隐藏，选择工具箱中的矩形工具，参照如下图所示的数据在画布中绘制的"内衣刀版"图。

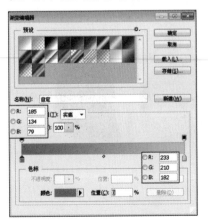

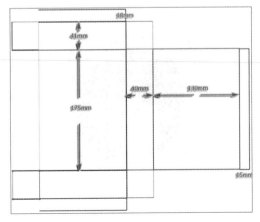

步骤 05 选择直接选择工具 ![icon]，对锚点进行调整，最终完成"内衣刀版"效果图的制作，如下图所示。

步骤 06 显示"渐变填充 1"图层，选择移动工具同时选中"背景图层"和"内衣刀版图层"，选择移动工具在属性栏中单击"垂直居中对齐"按钮和"水平居中对齐"按钮，调整"内衣刀版"在画布中的位置，效果如下图所示。

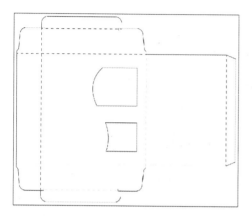

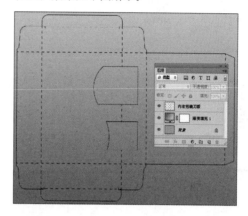

步骤 07 设置前景色为白色，复制"渐变填充 1"图层，然后单击"渐变填充 1"图层缩览图前的按钮 ![eye]，暂时隐藏该图层，选择矩形选框工具 ![icon] 绘制选区，如下图所示。

步骤 08 复制"渐变填充 1"图层及其图层蒙版，按住 Ctrl 键的同时单击该图层的蒙版缩览图，载入蒙版选区。调整选区的位置和大小，如下图所示。

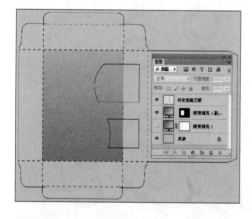

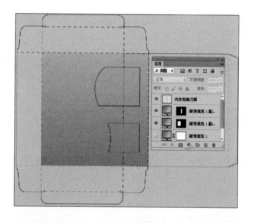

步骤 09 双击当前图层缩览图，打开"渐变填充"对话框，修改其参数，单击"确定"按钮退出，如下图所示。

步骤 10 复制"渐变填充1副本"图层及其图层蒙版，删除其蒙版，使用同样的方法绘制出如下图所示的效果。

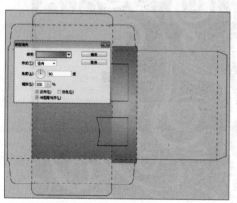

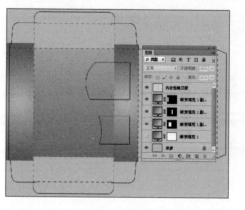

步骤 11 使用同样的方法，对上下区域进行填充，效果如下图所示。

步骤 12 单击"图层"面板底部的"创建新的填充或调整图层"按钮，在弹出的菜单中选择"渐变"命令，打开"渐变填充"对话框，设置颜色渐变和参数，如下图所示。

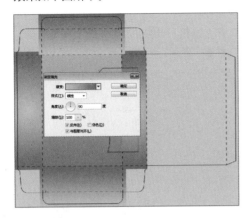

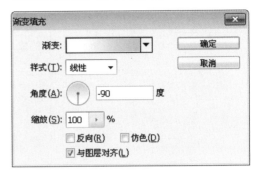

步骤 13 设置前景色为白色，选择矩形选框工具，绘制选区，单击"图层"面板底部的"添加图层蒙版"按钮，为该图层添加图层蒙版，效果如下图所示。

步骤 14 打开实例文件 \ 12 \ 欧式花纹 .jpg 素材，复制蓝色通道，使用快捷键 Ctrl+L 调整色阶，使用快捷键 Ctrl+Shift+I 反选选区并填充为白色。新建"图层 2"并填充为黑色，置于"图层 1"下方，效果如下图所示。

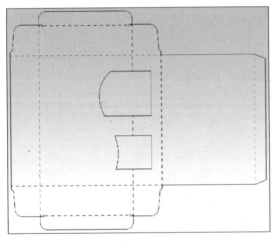

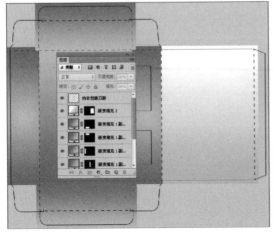

步骤 15 删除"图层 2"和"图层 0",执行"编辑 > 定义图案",将其命名为"欧式花纹",单击"确定"关闭对话框,如下图所示。

步骤 17 修改"图案填充 1"图层的不明度为 20%,效果如下图所示。

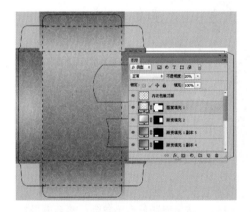

步骤 19 单击"图层"面板底部的"添加图层样式"按钮 fx,在弹出的菜单中选择"渐变叠加"命令,打开如下图所示对话框,并进行设置。

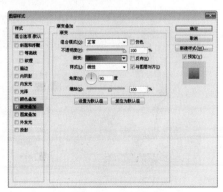

步骤 16 单击"内衣包装"文档,按住【Ctrl+Shift】键的同时,依次单击除"渐变填充 1"图层以外的其他六个渐变填充图层的蒙版缩览图,将这六个图层蒙版的选区载入,单击"创建新的填充或调整图层" 按钮,在弹出的菜单中选择"图案"命令,参照图示添加图案填充效果。

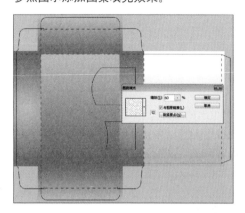

步骤 18 设置前景色为白色,然后选择工具箱中的钢笔工具,在属性栏中设置模式为"形状",然后绘制如下图所示的形状。

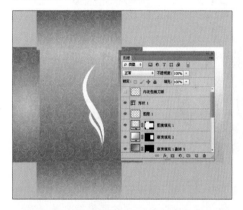

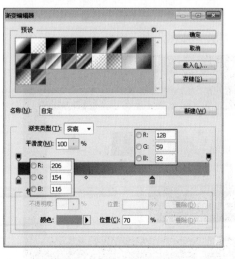

打开实例文件 \ 12 \ 内衣模特 .jpg 图片，选择快速选择工具 ，设置画笔大小为 80 像素，绘制背景选区，并配合多边形套索工具  加选选区，将模特的背景选中，然后按 Delete 键删除背景颜色，如右图所示。

步骤 21 将抠出的模特拖至"内衣包装"文档中，使用快捷键Ctrl＋T调整其大小与位置，单击"图层"面板底部的"添加图层蒙版"按钮 回，为当前图层添加图层蒙版，使用工具箱中的矩形选框工具 回 框选多余的部分，然后填充黑色遮去多余部分，如下图所示。

步骤 22 打开实例文件 \ 12 \ 包装信息 .psd 文件，将"右文字层"源文件打开并拖至当前文档合适位置，如下图所示。

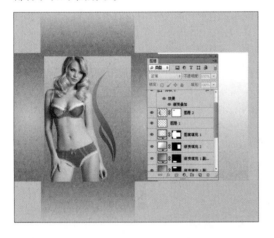

步骤 23 单击"图层"面板底部的"创建新的填充或调整图层"按钮 回，在弹出的菜单中选择"纯色"命令，打开"拾色器"对话框，设置颜色参数后关闭"拾色器"对话框，如下图所示。

步骤 24 设置前景色为黑色，单击"颜色填充 1"图层的图层蒙版，填充蒙版颜色为黑色，然后选择矩形选框工具 回，绘制选区并创建白色的文字内容，如下图所示。

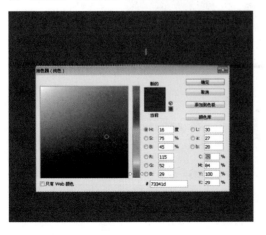

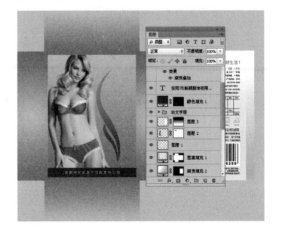

步骤 25 新建"图层 7"，选择矩形选框工具▣，绘制矩形选区并填充白色，如下图所示。

步骤 26 调整透明度为 50%，如下图所示。

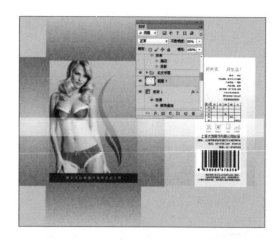

步骤 27 复制"图层 2"，使用快捷键 Ctrl+T 调整其旋转角度和大小，效果如下图所示。

步骤 28 单击"图层"面板底部的"添加图层蒙版"按钮▣，为当前图层添加图层蒙版，设置蒙版颜色为黑色，然后选择工具箱中的椭圆选框工具◯绘制矩形选区，如下图所示。

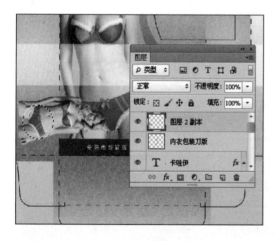

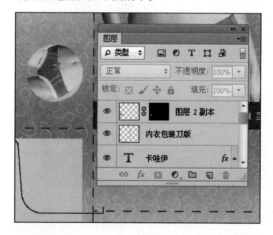

步骤 29 单击"图层"面板底部的"添加图层样式"按钮 fx.，在弹出的菜单中，选择"阴影"命令，打开"图层样式"对话框，如下图所示。

步骤 30 在打开的"图层样式"对话框中设置相关参数并确认，如下图所示。

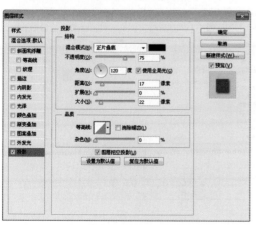

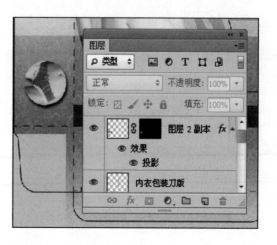

步骤31 单击"图层2副本"的图层蒙版，载入选区，新建图层将其命名为"描边"，执行"编辑>描边"命令，弹出"描边"对话框，设置后单击"确定"关闭对话框，如下图所示。

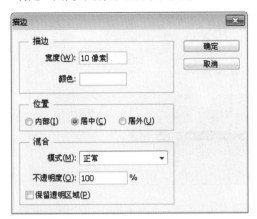

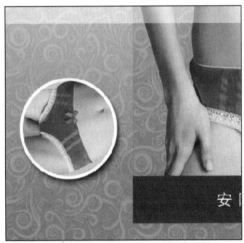

步骤32 选择横排文字工具，添加相关文字内容，然后分别为文字添加阴影和描边效果，如下图所示。

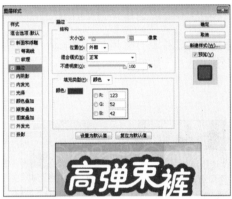

步骤33 为当前文字编组，并复制文字组，然后调整文字组的旋转角度和位置，效果如下图所示。至此完成本实例的制作。

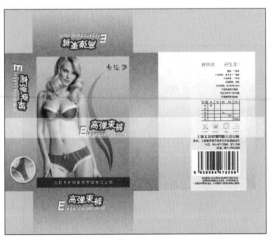

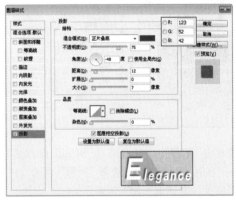

12.3 拓展练习

本章立足于包装这个课题，分别对包装的用途、分类、选材、制作工艺等相关知识进行了介绍，让读者对包装设计有一个总体的了解和认识。下面列举几个实际实例供读者模仿练习。

制作面膜包装

原始文件：实例文件\ 12 \拓展\1\荔枝.jpg、
        白色花纹.psd

最终效果：实例文件\ 12 \拓展\1\面膜包装.psd

设计难度：高级

制作月饼包装

原始文件：实例文件\ 12 \拓展\2\古建.jpg、金色花纹.psd、牡丹.psd、牡丹花纹.psd、水纹.psd、装饰.psd

最终效果：实例文件\ 12 \拓展\2\月饼包装.psd

设计难度：高级

制作果冻包装

原始文件：实例文件\ 12 \拓展\3\葡萄.01 jpg、
        葡萄.02 jpg

最终效果：实例文件\ 12 \拓展\2\果冻包装.psd

设计难度：高级

制作五香牛肉包装

原始文件：实例文件\ 12 \拓展\4\水墨笔触.jpg、水墨牛.jpg、印章.jpg、圆形花纹.jpg、纸张.jpg

最终效果：实例文件\ 12 \拓展\4\牛肉包装.psd

设计难度：高级

Chapter 13 时尚插画设计

本章概述

插画设计是一种独特的、具有丰富内涵的设计类别，在现代设计领域中，它是具有极强表现意味的一种设计手法。它与绘画有着不可分割的密切关系，它运用了绘画当中的表现技法，设计者通过插画可以充分表达自己的情感与思想，也可以在其中表现出明确的商业信息。

13.1 行业知识导航

插画是现代设计中一种重要的视觉传达形式，也是一种艺术形式，它以其直观的形象性，真实的生活感和美的感染力，在现代设计中占有重要的地位。下面将对插画的相关知识进行详细介绍。

13.1.1 插画设计概述

插画是一门应用学科，其应用范围在不断扩大。在信息高速发达的今天，插画设计已成为现实社会中不可替代的艺术形式。中国最早的插画是以版画形式出现，随佛教文化的传入，为宣传教义而在经书中用"变相"图解经文。到了宋、金、元时期，书籍插画有了很大的进步，应用范围扩大到医药书、历史地理书、考古图录书、日用百科书等书籍中，并出现了彩色套印插画。明清时期，可以说是古代插画艺术大发展时期，全国各地都有刻书行业。不同的地域形成了不同的风格。

九十年代中后期，随着电脑技术的普及，更多使用电脑进行插画设计的新锐作者不断涌现。插画艺术不仅扩展了人们的视野，充实了人们的头脑，给以广阔的想象空间，并且使人们的心智更为成熟。随着艺术的日益商品化和新的绘画材料及工具的出现，插画艺术进入商业化时代。社会发展到今天，插画被广泛地用于社会的各个领域，如出版物、商业宣传、商业形象设计以及影视多媒体等诸多方面。

插画的概念有狭义和广义之分。从狭义方面来说，是指插附在书刊中的图画。有的印在正文中间，有的用插页方式，对正文内容起补充说明或作为艺术欣赏。从广义方面来说，插画是人们平常所看的报纸、杂志、各种刊物或儿童图画书里，在文字间所加插的图画。它趣味性十足，能使文字部分更加生动，无论运用在哪个领域，都可以给人留下深刻的印象，有极强的艺术感染力。

13.1.2 插画的功能

现代插画与传统概念上的艺术插画存在很大的差别，相比传统插画，现代插画更具有商业特征，它的目的在于表现商品所承载的各类信息，它可以使人们正确接收、把握这些信息，并感受到独有的美感，因此说它是为商业活动服务的。

插画的功能与作用一般体现在三个方面，它不仅可以作为文字的补充，还可以让人们得到感性认识的满足，同时，还能表现艺术家的美学观念、表现技巧，甚至表现艺术家的世界观与人生观。现代插画功能性极强，纯艺术表现手法往往会减弱其功能。因此，设计人员在进行创作时要避免插画的主题发生歧义，必须做到主题鲜明、表达单纯、精确。

现代插画的基本功能就是将信息以最简明的方式传达给消费者，激发人们的兴趣，使消费者在审美的过程中自然地接受宣传的内容，达到刺激消费的目的。现代插画可以展示生动具体的产品和服务形象，直观地传递信息，不知觉得增强广告的说服力。

13.1.3 插画的分类

插画可以按照许多标准来分类，按应用角度来说，插画可分为文学插图和商业插画。文学插图是再现文章情节、体现文学精神的可视艺术形式，而商业插画是一种传递商品信息，集艺术与商业的图像表现形式。

按现在的市场定位，可以将插画分为矢量时尚、卡通低幼、写实唯美等类别。按制作方法，可将插画分为手绘、矢量、商业等。按插画绘画风格，可将插画分为日式卡通插画、欧美插画、香港插画、韩国插画等。在插画设计领域中，风格多种多样，可以供设计人员尽情发挥。

13.1.4 插画的应用范围

现代插画的表现形式多种多样，从传播媒体上讲，基本分为印刷媒体与影视媒体两大部分。印刷媒体包括招贴广告插画、报纸插画、杂志书籍插画、产品包装插画、企业形象宣传品插画等。影视媒体包括电影、电视、计算机显示屏等。

1. 招贴广告插画

该类插画也称为海报或宣传画。在广告还主要依赖于印刷媒体传递信息的时代，它处于主宰广告的地位。但随着影视媒体的出现，其应用范围有所缩小。

2. 报纸插画

报纸具有大众化、成本低廉、发行量大、传播面广、速度快、制作周期短等特点，是信息传递最佳媒介之一。

3. 产品包装插画

插画在产品包装中的应用十分广泛。标志、图形、文字是产品包装设计的三个要素。它有两方面的作用，一是介绍产品，二是树立品牌形象。介于平面与立体设计之间是它最为突出的特点。

4. 企业形象宣传品插画

它是企业的VI设计。它包含在企业形象设计的基础系统和应用系统的两大部分之中。

此外，还包括影视媒体中的影视插画，即指电影、电视中出现的插画。影视插画也包括计算机荧屏。计算机荧屏如今成了商业插画的表现空间，众多的图形库动画、游戏节目、图形表格、都成了商业插画的一员。

13.2 制作时尚插画——儿童世界插画设计

本节将以儿童世界插画设计为例展开介绍。

13.2.1 创意风格解析

下面介绍一下本案例的创意风格。

1. 设计思想

本实例制作的是一则儿童世界插画的效果图。以长有鹿角的儿童为主体，配以草坪和动物，烘托出惊艳搞怪的意境效果。本实例主要运用通道、选区、抠图功能，首先添加纸张背景图像，通过通道抠图的方法去除人物背景，使用快速选择工具创建鹿角选区将其拖至当前文档，运用图层蒙版为鹿角创建蜗牛皮肤贴图，在人物的头上放置草坪和动物，增强画面的视觉冲击。

2. 实践目标

本实例的主要实践目标在于让用户熟练掌握插画的制作流程，通过对素材的任意组合创建出新奇的画面。其中涉及通道抠图、选区抠图、添加和编辑图层蒙版、载入自定义画笔、形状工具、钢笔工具、盖印图层、镜头光晕的运用。

13.2.2 制作插画背景

步骤 01 执行"文件>新建"命令，打开"新建"对话框，设置页面属性，单击"确定"按钮完成设置，如下图所示。

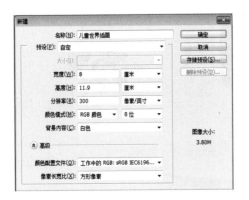

步骤 02 执行"文件>打开"命令，打开实例文件\13\纸张.jpg素材文件，将其拖至当前正在编辑的文档中，如下图所示。执行"编辑>自由变换"命令，调整图像的大小及位置。

步骤 03 选择椭圆工具 ，在属性栏中选择"形状"模式，绘制绿色正圆。在"图层"面板中调整图层的不透明度，如下图所示。

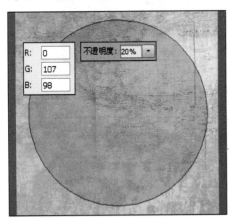

步骤 04 打开素材实例文件 \ 13 \ 儿童 .jpg 文件，在"通道"面板中选择"蓝通道"，将其拖至面板底部的"创建新通道"按钮 复制通道，如下图所示。

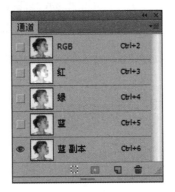

步骤 05 执行"图像 > 调整 > 色阶"命令，在弹出的"色阶"对话框中设置参数，然后单击"确定"按钮，调整通道图像颜色，如下图所示。

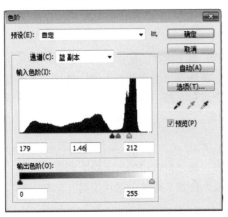

步骤 06 使用黑色硬边缘画笔工具在"蓝 副本"通道中进行绘制，遮盖人物图像上白色部分，效果如下图所示。

步骤07 按 Ctrl 键将"蓝 副本"通道上的图像载入选区，然后回到"图层"面板，双击"背景"图层解锁，然后按 Delete 键删除背景图像，如下图所示。

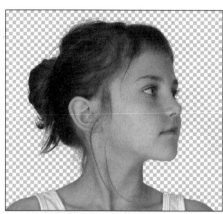

步骤08 将人物图像拖至当前正在编辑的文档中，放大并调整图像的位置，效果如下图所示。

13.2.3 添加装饰图像

步骤01 打开实例文件 \ 13 \ 鹿角 .jpg 文件，使用快速选择工具 [图] 创建选区，并使用移动工具 [图] 将选区中的图像拖至当前正在编辑的文档中，如下图所示。

步骤02 水平翻转上一步创建的图像，调整图层顺序到人物图像所在图层的下方，如下图所示。

步骤03 新建"组 1"图层组，打开实例文件\13\蜗牛.jpg文件，将蜗牛部分图像拖至当前正在编辑的文档中，缩小并调整图像的位置，效果如下图所示。

步骤04 将左边鹿角载入选区，执行"选择 > 反向"命令反转选区，删除选区中的蜗牛图像，然后使用柔边缘橡皮擦工具 [图] 擦除图像边缘，效果如下图所示。

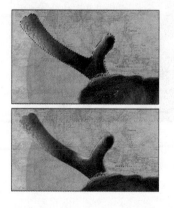

步骤 05 使用前面介绍的方法，继续制作鹿角上的贴图效果。如下图所示。复制前面创建的蜗牛贴图图层，并按快捷键 Ctrl+E 合并图层，调整图层混合模式为"滤色"，不透明度参数为 50%。

步骤 06 在人物图像所在图层的下方新建"组 2"图层组，使用前面介绍的方法制作鹿角的贴图，效果如下图所示。

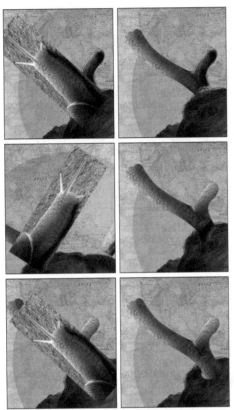

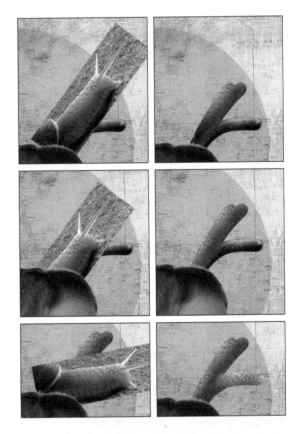

步骤 07 复制上一步创建的蜗牛贴图图层，并按快捷键 Ctrl+E 合并图层，调整图层混合模式为"滤色"，不透明度参数为 50%，效果如下图所示。

步骤 08 打开实例文件 \ 13 \ 花花草草 .psd 文件，将草坪图像拖至当前正在编辑的文档中，按快捷键 Ctrl+T 打开图像变换框，调整图像的形状，效果如下图所示。

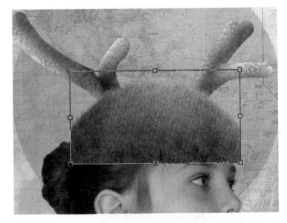

步骤 09 为草坪图像添加图层蒙版，并使用黑色柔边缘画笔工具 ✐ 在蒙版中绘制，隐藏部分图像，效果如下图所示。

步骤 10 继续将小花和小草拖至当前正在编辑的文档中，缩小并调整图像的位置，然后复制并水平翻转小草图像，如下图所示。

步骤11 打开实例文件 \ 12 \ 大象 .jpg、长颈鹿 .jpg 文件，使用快速选择工具 创建选区，去除白色背景，将其拖至当前正在编辑的文档中，缩小并调整图像的位置，效果如下图所示。

步骤12 新建"组 3"图层组，选择钢笔工具 ，在属性栏中设置参数，然后在视图中绘制藤条，如下图所示。

步骤13 新建"组 4"图层组，打开实例文件\12\叶子.jpg文件，使用快速选择工具 选取部分叶子，并将其拖至当前正在编辑的文档中，如下图所示。

步骤14 缩小并复制上一步创建的叶子图形，效果如下图所示。

步骤 15 选择多边形工具，在属性栏中设置参数，然后在视图中绘制三角形，调整图层不透明度为50%，如下图所示。

步骤 16 继续在属性栏中设置参数，然后在视图中绘制三角形的修剪图形。如下图所示。

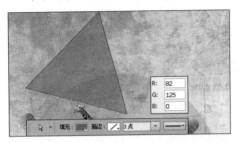

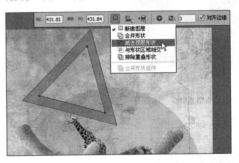

步骤 17 复制所绘三角形，分别调整三角形的颜色为白色和黄色，调整黄色三角形不透明度为100%，效果如下图所示。

步骤 18 打开素材实例文件 \ 13 \ 树枝 .jpg、猴子.jpg 文件，使用通道抠图的方法去除白色背景，然后将其拖至当前正在编辑的文档中，然后调整图像的大小及位置，如下图所示。

步骤 19 选择画笔工具，在属性栏中打开"画笔预设"选取器，单击按钮，在弹出的菜单中选择"载入画笔"命令，载入实例文件 \ 13 \ 云彩 *abr 画笔，从中绘制云彩图像，如下图所示。

步骤 20 使用快捷键Ctrl+Shift+Alt+E盖印图层，执行"滤镜>渲染>镜头光晕"命令，在弹出的"镜头光晕"对话框中调整光晕的位置及亮度，然后单击"确定"按钮，完成本实例的制作，最终效果如下图所示。

13.3 拓展练习

　　本章立足于插画这个课题，分别对插画设计的发展、插画的应用范围等相关知识进行了总结性概述。让读者全方位对插画设计有一个总体的了解和认识。为了帮助读者能够更加熟练的绘制插画效果图，下面给出几幅实际应用案例，以供模仿练习。

制作秋天插画

原始文件：无

最终效果：实例文件\ 13 \拓展\ 1 \秋天插画.psd

设计难度：高级

制作爱丽丝插画

原始文件：实例文件\ 13 \拓展\ 2 \爱丽丝.jpg

最终效果：实例文件\ 13 \拓展\ 2 \爱丽丝.psd

设计难度：高级

制作提琴插画

原始文件：实例文件\ 13 \拓展\ 3 \提琴.jpg、
　　　　　花花草草.psd

最终效果：实例文件\ 13 \拓展\ 3 \提琴插画.psd

设计难度：高级

制作手绘插画

原始文件：无

最终效果：实例文件\ 13 \拓展\ 4 \手绘插画.psd

设计难度：高级

Chapter **14** 宣传画册设计

本章概述

宣传册的设计制作流程也许不被人们所熟知，但它的身影却常常出现在生活的方方面面，例如产品宣传册等，不同类型的宣传册风格有所不同，但最终目的都是对设计对象进行精准、全面的表达。对于平面设计人员来说，学习关于宣传册设计的知识对于扩展设计水平非常有帮助，也是很有必要的。

14.1 行业知识导航

为了使设计人员更好的掌握宣传画册的特点、设计要素等内容，下面将对其进行逐一介绍。

14.1.1 宣传画册的特点

宣传册是一种经济、便捷的宣传载体，是很多商家在节假日首选的宣传手法。它多以发放的方式派送到消费者手里，不受时间和地域的限制，既可针对短期内的商品促销或服务活动信息进行宣传，还可以做成较为精致的单页或折页效果，使其具有收藏性，达到长期宣传的效应。

宣传册设计包含的内容非常广泛，相对于一般的书籍来说，宣传册设计不但包括封面封底的设计，还包括环衬、扉页、内文版式等。宣传册设计比较讲求整体的感觉，对设计者而言，就需要具备较强的把握力。从宣传册的开本、字体选择到目录和版式的变化，从图片的排列到色彩的设置，从材质的挑选到印刷工艺的求新，都需要做整体的考虑和规划，然后合理调动一切设计要素，将他们有机地融合在一起，服务于内容。

宣传页可以达到全面、详实的效果和定向宣传的目的，且具有较强的针对性和独立性。

（1）针对性

宣传页是以一个完整的宣传形式，针对销售季节或流行期、针对有关企业和人员、针对展销会和洽谈会、针对购买货物的消费者进行邮寄、分发、赠送，目的就是扩大企业和商品的知名度，推售产品和加强购买者对商品的了解，强化广告效用。

（2）独立性

宣传页自成一体，不需要借助其他媒体，而且不受其他媒体的宣传环境、公众特点、版面、印刷、纸张等各种限制。

14.1.2 宣传画册的开本与纸张

为了使设计的宣传画册更加合情合理、美观大方，下面将首先对宣传画册的开本与纸张进行介绍。

1. 开本

我们把一张按国家标准分切好的原纸称为全开，目前最常用的印刷正文纸有：787×1092mm和889mm×1194mm两种。把纸张开切成幅面相等的16小页称成为16开，切成32小成为32开，以此类推便是纸张的开本。787mm×1092mm切开的纸张为正度纸张，889mm×1194mm切开的纸张为大度纸张。

开本按照尺寸的大小，通常分三种类型：大型开本、中型开本和小型开本。以787mm×1092mm的纸来说，12开以上为大型开本，16开～36开为中型开本，40开以下为小型开本，但以文字为主的书籍一般为中型开本。开本形状除6开、12开、20开、24开、40开近似正方形外，其余均为比例不等的长方形，分别适用于性质和用途不同的各类画册。

画册在出图时，如果是正反面都印刷，页数最好是4的倍数，但这只是针对页码不多的骑马装订方式，如果页数比较多，就可以不用考虑这一点了，因为页数多一般是采用的背胶装订方式，背胶装订的画册会有书籍厚度出现，不用考虑画册是否能对称。

2. 纸张

印刷画册的常规纸张有两2种：铜版纸和哑粉纸。

（1）铜版纸

光泽度好些，主要用于印刷书刊和插图、彩色画片、各种精美的商品广告、样本、商品包装和商标等。

（2）哑粉纸

首先价格较高，但比较硬正，不像铜板纸很容易变形，印刷的图案虽没有铜版纸色彩鲜艳，但图案比铜版纸更细腻，更高档。

这两种纸张的印刷品留3毫米出血就够了。另外还有一些样本和画册选择一些价格更高的特种纸（例如带纹理的、纸张本身袋颜色的）进行印刷，这个造价较高，一般不在常规印刷范围之内。

14.1.3 宣传画册的视觉设计要素

下面将从文字要素、图形要素和色彩要素三方面对宣传画册的视觉设计要素进行介绍。

1. 文字要素

文字作为宣传册中的视觉形象要素，首先要具有可读性。在具体运用中，不同的字体变化，会带来不同的视觉感受。优秀、恰当的文字编排设计可以增强视觉效果，并且使版面具有个性化。

（1）文字内容要便于识别

在宣传册设计中，遵循的重要原则之一就是字体选择与运用要便于识别，容易阅读，不能盲目追求效果而使文字失去最基本的信息传达功能。尤其是改变字体形状、结构，运用特技效果或选用书法体、手写体时，更要注意其识别性。

（2）文字描述要符合诉求

在选择字体时，要注意符合诉求的目的。因为不同的字体具有不同的性格特征，所以不同内容、风格的宣传册设计就要求有不同的字体设计定位：或严肃、或活泼、或古典、或现代。总之，就是要从主题内容出发，选择在形态上或象征意义上与传达内容相吻合的字体。

（3）文字版面要和谐统一

在整本的宣传册中，字体的变化不宜过多，要注意所选字体之间的和谐统一。标题或提示性的文字可适当变化，内部文字体要风格统一。文字的编排要符合人们的阅读习惯，例如每行的字数不宜过多，要选用适当的字距与行距，也可用不同的字体编排风格制造出新颖的版面效果，给读者带来不同的视觉感受。

2. 图形要素

图形是一种视觉语言，它可以用形象和色彩来直观地传播信息、观念以及交流思想。它是人类通用的视觉符号，能超越国界、排除语言障碍并进入各个领域与人们进行交流与沟通。在宣传册设计中，图形的运用可起到多种作用。

（1）图形的注目效果

利用图形的视觉效果可以有效地吸引读者的注意力，这种瞬间产生的强烈的"注目效果"，只有图形可以实现。

（2）图形的可读效果

好的图形设计可准确地传达主题思想，使读者更易于理解和接受它所传达的信息。

（3）图形的诱导效果

图形表现的手法多种多样。传统的各种绘画、摄影手法可产生面貌、风格各异的图形图像。通过图形猎取读者的好奇心，使读者被图形吸引，进而将视线引至文字。尤其是近年来电脑辅助设计的运用，极大地拓展了图形的创作与表现空间。

无论用什么手段表现，图形的设计都可以归纳为具象和抽象两个范畴。其中，具象的图形可以客观地表现对象的具体形态，同时也能表现出足够的意境。它具有真实感，可以直观、真实地传达物象的形态美、质地美和色彩美等，容易从视觉上使人们产生兴趣与欲求，从心理上得到人们的信任。尤其是一些具有精美外观的产品，常运用真实的图片通过细致的设计制作给人带来赏心悦目的感受。

抽象图形在宣传册设计中的表现范围很广，特别在表现现代科技类产品时，因为其本身具有抽象美的因素，所以使用抽象图形更容易表现出它的本质特征。抽象图形运用非写实的抽象化视觉语言表现宣传内容，是一种高度理念化的表现。在对有些形象不佳或无具体形象的产品进行宣传与表达时，采取抽象图形表现就可取得较好的效果。

抽象图形与具象图形相比，具有更强的现代感、象征性和典型性。抽象表现可以不受任何表现技巧和对象的束缚，不受时空的局限，扩展了宣传册的表现空间。但无论图形抽象的程度如何，最终目的还是要让读者接受。所以，在设计与运用抽象图形时，其形态应与主题内容相符，并可以准确地表达对象的内容或本质。此外，作为设计人员，还要了解和掌握人们的审美心理和欣赏习惯，加强针对性和适应性，使抽象图形更为精准地传递信息并发挥应有的作用。

具象图形与抽象图形具有各自的优势和与不足，因此，在宣传册设计的过程中，两种表现方式有时会同时出现或以互为融合的方式出现，如在具象形式的表现中也加入抽象的表现元素。设计时应根据不同的创意与对象采用不同的表现方式，懂得灵活变通。

3. 色彩要素

色彩是宣传册设计的诸多要素中一个重要组成部分。在设计中合理地运用色彩，可以制造气氛、烘托主题，强化版面的视觉冲击力，直接引起人们注意力与情感上的反应。

宣传册的色彩设计应该从整体出发，注重各构成要素之间色彩关系的整体统一，以形成能充分体现主题内容的基本色调，然后再进一步考虑色彩的明度、色相、纯度等因素的对比与调和关系。设计者对于主体色调的准确把握，可帮助读者形成整体印象，更好地理解主题。

此外，在运用色彩的过程中，既要注意典型的共性表现，也要表达自己的个性。如果所用色彩过于雷同，视觉冲击力就会减弱甚至消失。这就需要设计人员根据表现的内容或产品特点，努力营造出新颖、独特的色彩风格，在设计时打破各种常规或习惯用色的限制，养成勇于探索的习惯。

总之，宣传册色彩的设计既要从宣传品的内容和产品的特点出发，有一定的共性，又要在同类设计中标新立异，有独特的个性。这样才能加强识别性和记忆性，达到良好的视觉效果。

14.1.4 精美画册欣赏

14.2 制作宣传画册——寿司画册设计

本节将以寿司画册的设计为例进行详细介绍。

14.2.1 创意风格解析

下面介绍一下本案例的创意风格。

1.设计思想

本实例制作的是一则寿司画册的效果图。画册分为封面和内页两个部分。本实例运用创建自定义图案的填充作为封面的背景，通过调整图形的相交和修剪创建出不规则图形作为背景色块，然后添加画册上的文字信息，重点在于封面背景图案的制作上。

新建文档，使用矩形工具绘制正方形并调整正方形为菱形，为菱形添加渐变叠加图层样式，然后复制菱形使其上下左右紧密贴合，在四周绘制正圆装饰图形，将文档中的图像定义为图案，最后在画册文档中创建图案填充底纹效果。接下来隐藏封面图像，使用形状工具绘制背景上的大色块，添加产品图像和文字信息。

2. 实践目标

本实例的主要实践目标在于让用户熟练掌握画册的制作流程。从画册背景部分开始绘制。使用形状工具整个画面进行分割，创建出内容丰富并具有层次感的画册版式。其中涉及定义图案命令、形状工具、画笔工具、钢笔工具、形状的运算、自由变换命令、横排和竖排文字工具等工具的使用。

14.2.2 制作画册封面

步骤 01 执行"文件 > 新建"命令，打开"新建"对话框，设置参数，最后单击"确定"按钮，如下图所示。

步骤 03 继续使用前面介绍的方法，添加参考线，效果如下图所示。

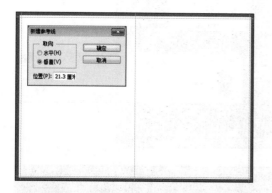

步骤 05 按 Shift 键使用矩形工具█绘制正方形形状，将矩形旋转 45°，执行"编辑 > 自由变换"命令，压缩正方形为菱形。

步骤 02 执行 4 次"视图 > 新建参考线"命令，分别在弹出的"新建参考线"对话框中对参考线进行设置，如下图所示。

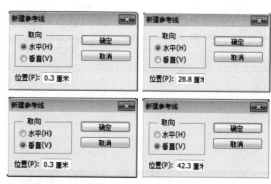

步骤 04 使用快捷键 Ctrl+N 打开"新建"对话框，设置页面大小，单击"确定"按钮完成设置，创建一个新文档。

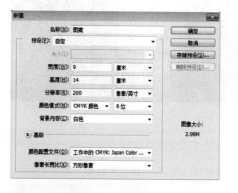

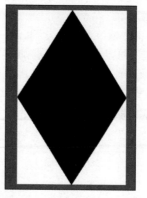

步骤 06 双击菱形所在图层的图层名称空白处，参照下图，为图层添加渐变叠加图层样式。

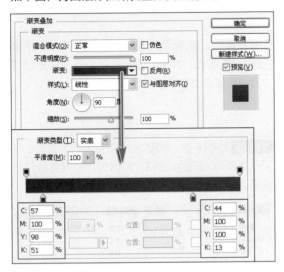

步骤 08 按 Shift 键使用椭圆工具◎绘制正圆，如下图所示。

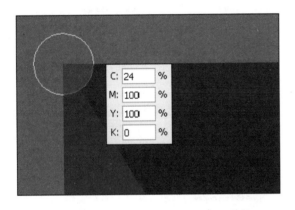

步骤 10 返回到"寿司画册"文档中，单击"图层"面板底部的"创建新的填充或调整图层"按钮◎，在弹出的菜单中选择"图案填充"命令，打开"图案填充"对话框，设置其参数，最后单击"确定"按钮。新建图层并调整图层混合模式为"叠加"，设置前景色为红色，选择画笔工具✔，然后在属性栏中选择柔边缘画笔样式，调整画笔大小为2000像素，在视图中单击两次绘制圆点，如右图所示。

步骤 07 按 Ctrl 键复制并移动菱形的位置，如下图所示。

步骤 09 在属性栏中激活"合并形状"按钮，按Alt键复制正圆。执行"编辑>定义图案"命令，将前面创建的图像定义为图案，然后保存"图案"文档，如下图所示。

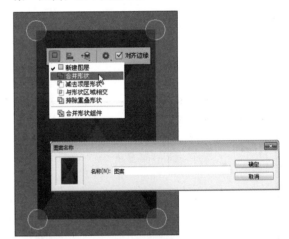

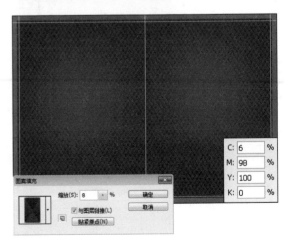

步骤11 新建图层，使用矩形选框工具▦绘制矩形选区，并填充选区为白色，如下图所示。

步骤12 使用椭圆选框工具◯，绘制椭圆选区，并删除选区中的矩形图像，如下图所示。

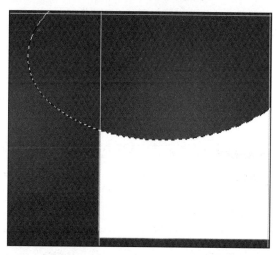

步骤13 继续绘制椭圆选区，执行"选择 > 反向"命令，反转选区，然后删除选区中的矩形图像，如下图所示。

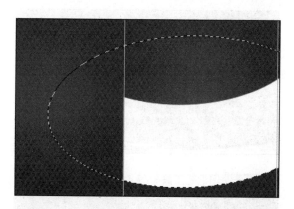

步骤14 打开实例文件 \ 14 \ 寿司封面 .jpg 文件，将其拖至当前正在编辑的文档中，缩小并调整图像的位置，如下图所示。

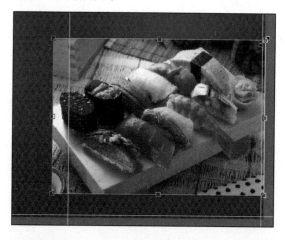

步骤15 使用前面介绍的方法，使用椭圆选框工具创建选区并删除部分图像，效果如下图所示。

步骤16 执行"图像>调整>色彩平衡"命令，打开"色彩平衡"对话框，设置其参数，然后单击"确定"按钮，如下图所示。

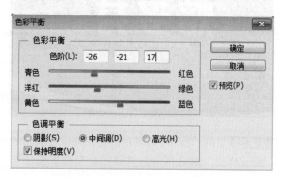

步骤 17 继续执行"图像 > 调整 > 亮度/对比度"对话框,打开"亮度/对比度"对话框,设置其参数,然后单击"确定"按钮,如下图所示。

步骤 18 执行"图像 > 调整 > 色阶"对话框,打开"色阶"对话框。设置其参数,单击"确定"按钮,如下图所示。

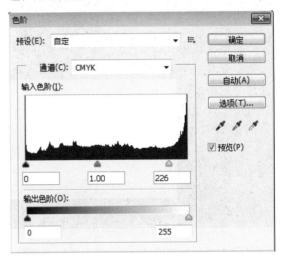

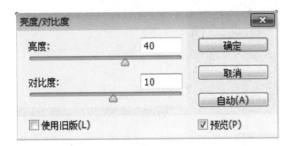

步骤 19 使用钢笔工具 ☑ 在视图中绘制曲线装饰,如下图所示。

步骤 20 新建"组 1"图层组,使用横排文字工具 T 在视图中输入文字,如下图所示。

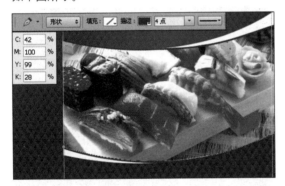

步骤 21 继续创建文字,效果如下图所示。

步骤 22 使用钢笔工具 ☑ 绘制如下图所示的形状。

步骤 23 双击"组 1"名称后的空白处,在弹出的"图层样式"对话框中为其添加渐变叠加图层样式,如下图所示。

步骤 24 继续上一步的操作,添加投影图层样式,如下图所示。

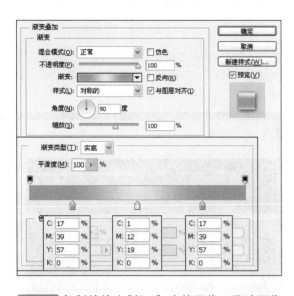

渐变叠加		确定
渐变		取消
混合模式(O): 正常 □仿色		新建样式(W)...
不透明度(P): 100 %		☑预览(V)
渐变: □反向(R)		
样式(L): 对称的 ☑与图层对齐(I)		
角度(N): 90 度		
缩放(S): 100 %		

渐变类型(T): 实底
平滑度(M): 100 > %

C: 17 %	C: 1 %	C: 17 %
M: 39 %	M: 12 %	M: 39 %
Y: 57 %	Y: 19 %	Y: 57 %
K: 0 %	K: 0 %	K: 0 %

投影	
结构	
混合模式(B): 正片叠底	
不透明度(O): 75 %	
角度(A): 120 度 ☑使用全局光(G)	
距离(D): 6 像素	
扩展(R): 0 %	
大小(S): 21 像素	
品质	
等高线: □消除锯齿(L)	
杂色(N): 0 %	
☑图层挖空投影(U)	
设置为默认值 复位为默认值	

步骤 25 复制并缩小"组 1"中的图像,移动图像的位置至封底中,效果如下图所示。

步骤 26 继续使用横排文字工具,在视图中创建文字,效果如下图所示。

步骤 27 将除"背景"图层以外的所有图层进行编组,并命名为"封面",效果如下图所示。

14.2.3 制作画册内页

步骤 01 隐藏"封面"图层组，新建"内页"图层组，打开实例文件\ 14 \寿司.jpg文件，放大并调整图像的位置，如下图所示。

步骤 02 使用矩形选框工具绘制选区，然后使用快捷键 Ctrl+T 打开图像变换框变换图像，如下图所示。

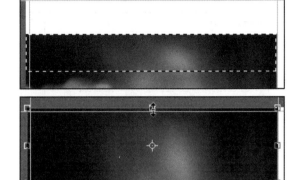

步骤 03 使用椭圆工具绘制正圆图形，如下图所示。

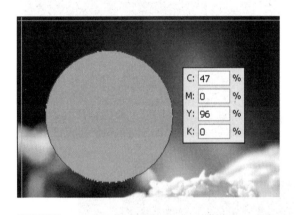

步骤 04 选择矩形工具，在属性栏中激活"减去顶层形状"按钮，绘制矩形对正圆图形进行修剪，调整图层不透明度参数为50%，如下图所示。

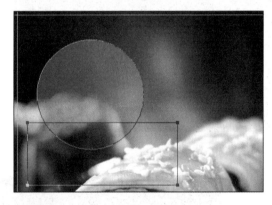

步骤 05 复制上一步创建的图层，调整不透明度参数为 100%，使用路径选择工具选中矩形路径，在属性栏中激活"与形状区域相交"按钮，创建矩形和椭圆的相交图形，效果如下图所示。

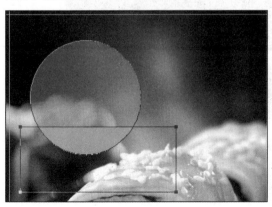

步骤 06 对矩形路径进行变形，如下图所示。

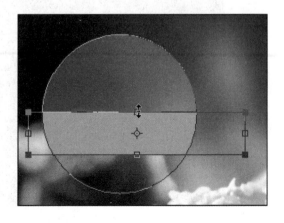

步骤 07 使用横排文字工具 T 创建文字，在"字符"面板中调整，如下图所示。

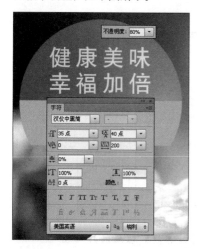

步骤 08 使用横排文字工具 T 在视图中拖曳鼠标创建本框，然后添加文字信息，如下图所示。

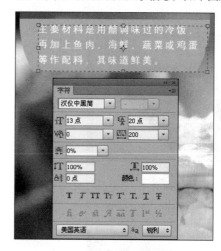

步骤 09 使用椭圆工具 ◎ 绘制正圆图形，效果如下图所示。

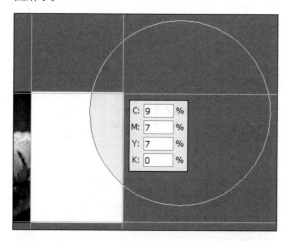

步骤 10 继续使用椭圆工具 ◎ 绘制正圆图形，取消填充色，设置描边颜色为白色，效果如下图所示。

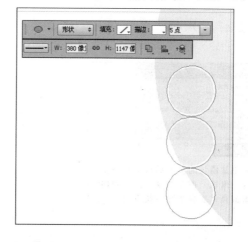

步骤 11 打开实例文件 \ 14 \1.jpg、2.jpg、3.jpg、4.jpg"文件，将其拖至当前正在编辑的文档中的合适位置，并对其进行缩放。将正圆载入选区分别删除选区外的图像。

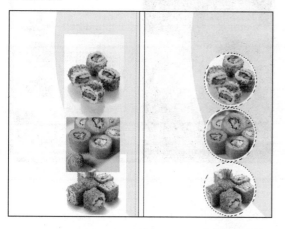

步骤 12 选择圆角矩形工具 ◎，在属性栏中设置"半径"为20像素，绘制圆角矩形，如下图所示。

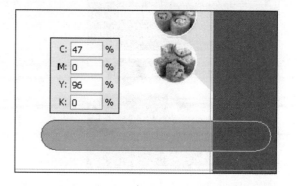

步骤 13 打开素材 4.jpg 文件，使用快速选择工具 ☑️ 选中寿司图像，将其拖至当前正在编辑的文档中，如下图所示。

步骤 14 创建如下图所示的文字信息。

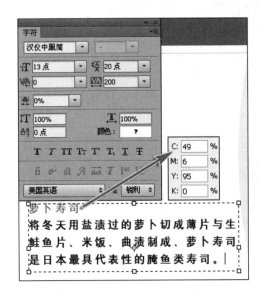

步骤 15 选择部分文字，在"字符"面板中调整字体样式和行距，如下图所示。

步骤 16 使用前面介绍的方法，创建如下图所示的文字效果。

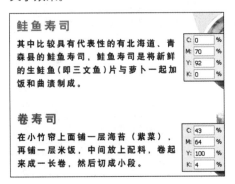

步骤 17 继续使用横排文字工具 Ⓣ，创建如下图所示的文字。

步骤 18 至此完成本实例内页的制作，效果如下图所示。

14.3 拓展练习

　　本章立足于画册这个课题，分别对宣传画册的特点、宣传画册的开本、画册纸张的选择等相关知识进行了总结性概述。让读者全方位对宣传画册设计有一个总体的了解和认识。在学习本章内容之后，再来练习以下案例，熟能生巧。

制作茶道传媒画册封面

原始文件：实例文件\ 14 \拓展\ 1 \茶杯.jpg、
　　　　　毛笔字.jpg、墨点.jpg、茶.jpg、机理.psd

最终效果：实例文件\ 14 \拓展\ 1 \茶道传媒封面.psd

设计难度：高级

制作茶道传媒画册内页

原始文件：实例文件\ 14 \拓展\ 2 \茶禅一味.jpg、
　　　　　水墨云.jpg、茶壶.jpg

最终效果：实例文件\ 14 \拓展\ 2 \茶道传媒内页.psd

设计难度：高级

制作大华珠宝画册封面

原始文件：实例文件\ 14 \拓展\ 3 \珠宝.jpg

最终效果：实例文件\ 14 \拓展\ 3 \大华珠宝.psd

设计难度：高级

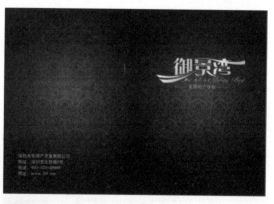

制作御景湾房产画册封面

原始文件：实例文件\ 14 \拓展\ 4 \中国传统纹样.jpg

最终效果：实例文件\ 14 \拓展\ 4 \御景湾房产.psd

设计难度：高级

Chapter 15 网站页面设计

本章概述

随着信息的多元化发展，因特网迅速成为了一个崭新的、具有巨大潜力的传播媒体，越来越多的人开始接受它并参与进来。吸引人们的不仅仅是传统内容的罗列，而是一个个风格统一、设计精美的网站。这就对设计人员提出了新的课题要求，且提供了一个更为广阔的表现空间。

15.1 行业知识导航

网站页面设计越来越被企事业单位所重视，因为它决定着网站的点击率。优秀的页面设计总是会让人流连忘返，进而不断被转发并带来了更多的潜在的客户，下面我们将对网页设计的相关知识进行介绍。

15.1.1 网页设计要素

在现代网络技术快速发展的阶段，网页设计已成为一门独立的技术，成为一个全新的设计领域，也是平面设计在信息时代多元化发展的一个重要方向。在网页设计中，整体风格和色彩搭配是其两大要点。

1. 确定整体风格

（1）将标志LOGO尽可能放在每个页面上最突出的位置。

（2）突出企业或宣传对象的标准色彩。

（3）相同类型的图像采用相同效果。若标题文字采用阴影效果，那么在网站中出现的所有标题文字使用的阴影效果应完全一致。

（4）具有标志性的且能反映网站精髓的宣传标语。

2. 网页的色彩搭配

网页的颜色选择可以有以下3种搭配形式。

（1）可以选择一种颜色，这里的一种颜色是指先选定一种色彩，然后通过调整该颜色的透明度或者饱和度，呈现出色调统一的图像效果，让画面具有层次感。

（2）也可以使用一种色系的颜色，如以淡蓝，淡黄，淡绿的浅色系或土黄，土灰的棕色系等。通过颜色色系的搭配，以及根据用户想展示的风格对网页的颜色进行具体的搭配。

（3）还可以使用两种色彩，先选定一种色彩，然后选择它的对比色或补色，让整个网页有整体和个别的对比或形成抢眼的视觉效果，彰显风格和个性。

在网页配色中，除了以上两个要点外，还有一些误区需要尽量避免。如不要将所有颜色都用到，尽量将整个网站的色彩控制在3~5种以内，避免网站显得杂乱花哨。背景和前文的对比尽量大一些，以便突出主要文字内容，切忌使用花纹繁复的图案作背景。

15.1.2 网页的布局

在进行网页设计时，首先根据网站的目的及用户的环境，设计出一个较好的布局。另外要考虑到网页的受注目度和可读性，将页面中的各个构成要素合理有秩序地排列起来，高效运用有限的空间。只有充分利用、有效分割有限的空间，创造出新的空间，并使其布局合理，才能做出优秀的网页。

中文版Photoshop CS6艺术设计实训案例教程

依据空间分割方向的布局从大的方面可以分为纵向基准格式、横向基准格式及混合格式3种，下面我们逐一解析它们的特征。

1. 纵向分割型

在网页的布局设计中以纵向分割画面的方法使用最多，也算是最为人们所喜好的一种布局模式。这种分割方式适用于重视导航要素，制作可以很容易接触大量信息的网站，通常都是在画面的左侧设置菜单，右侧设置正文，最右侧的一定位置做空白处理。

一般情况下，在纵向分割格式的布局下，都把网站标志（LOGO）放置在页面左侧。也有一些信息量非常大的门户网站或搜索网站，将网站标志放置在画面中央的；那些要求界面特别富有创造性的专业领域的网站则将网站标志放置在画面右侧的。

2. 横向分割型

如果要制作重视视觉效果，比起图片等素材来说更想给人游刃有余感觉的网站的话，那么选择横向分割格式会收到很好的效果。一般比较多见的是把空间大体上分成两部分，在上端设置主菜单，有些也可能在下端设置主菜单。横向分割画面的布局比较适合那些构成简单，却从视觉角度对商品或企业图片等要求很高地网站。

上下两部分横向分割的布局重点要考虑的就是图像的质量以及与画面整体相协调的配色。一般使用营造与图像相似的配色氛围配色方法，或者使用可以突出图像特点的颜色来配色。

3. 横向-纵向混合型

　　横向分割和纵向分割相结合的方式是绝大多数的网站都采用的布局方法。一般以纵向分割格式为基础，并在此基础上添加横向分割格式。在横向一纵向混合型格式里，通常在横向格式的上端或下端放置网站标志、主菜单及有用菜单；还要在中间纵向分割的领域里的左侧设置子菜单，在右侧设置主要内容。

15.1.3　网页设计作品欣赏

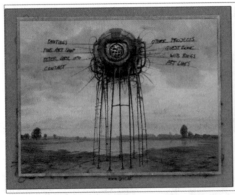

15.2 制作网站页面——好然居家家居网站页面设计

本节将以好然居家家居网站页面的设计为例进行展开介绍。

15.2.1 创意风格解析

下面介绍一下本案例的创意风格。

1. 设计思想

本实例制作的是一家家居公司的网站效果图。通过对画面的分割和对背景添加花纹使画面看起来时尚而有品位。本实例主要运用创建图案的填充并结合选区工具和形状工具设计和制作，重点在于画面的分割和图像的编排上。首先使用填充和图案填充命令制作出背景图像，其次通过添加素材图像和使用选框工具删除部分图像创建出页面的主要图像显示区域，然后利用形状工具和图案填充命令以及文字工具创建出导航条，最后使用形状工具和选框工具对剩余部分进行分块并添加图像和文字信息。

2. 实践目标

本实例的主要实践目标在于让用户熟练掌握网站的制作流程。使用形状工具和选框工具对整个画面进行分割，创建出内容丰富并具有层次感的网页。涉及定义图案命令、形状工具、添加和编辑图层蒙版、选框工具、渐变工具、画笔工具、自由变换命令、横排和竖排文字工具。

15.2.2 制作网页背景

步骤 01 执行"文件 > 新建"命令，打开"新建"对话框，设置页面大小，单击"确定"按钮完成设置，创建一个新文档。

步骤 02 参照如下图所示参数，填充背景为土黄色。

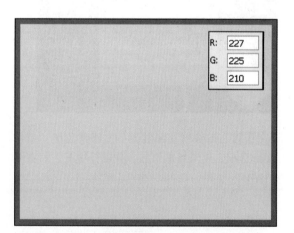

步骤 03 打开实例文件 \15\ 背景花纹 .psd 文件，执行"编辑 > 定义图案"命令，将背景定义为图案，效果如右图所示。

步骤 04 返回"家居网站"文档中，单击"图层"面板底部的"创建新的填充或调整图层"按钮 ❷，在弹出的菜单中选择"图案填充"命令，在其对话框中设置参数，单击"确定"按钮，创建图案填充效果。

15.2.3 制作主显示区域

步骤 01 打开实例文件 \15\01.jpg 文件，将其拖至当前正在编辑的文档中，缩小并调整图像位置，如下图所示。

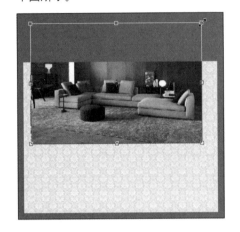

步骤 02 使用矩形选框工具▣绘制选区，按快捷键 Ctrl+Shift+I 反转选区，如下图所示。删除选区中的图像。

步骤 03 使用横排文字工具▣创建文字信息，如下图所示。

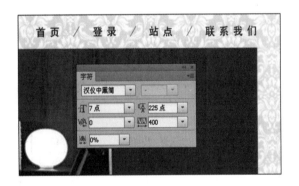

步骤 04 使用圆角矩形工具▣绘制圆角矩形形状，使用自定义形状工具▣绘制箭头形状，并在属性栏中选择"减去顶层形状"按钮▣，如下图所示。

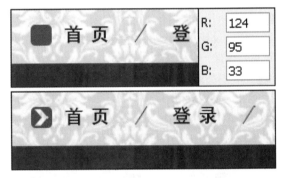

步骤 05 在图像所在图层的下方新建图层，使用矩形选框工具▣绘制选区，并进行填充，如右图所示。

15.2.4 制作导航条

步骤 01 将前面创建的除"背景"图层以外的所有图层进行编组，然后新建"组 2"图层组，使用矩形工具■绘制矩形形状，然后选择圆角矩形工具■，设置"半径"为 25 像素，激活属性栏中的"合并形状"按钮■，绘制圆角矩形，如下图所示。

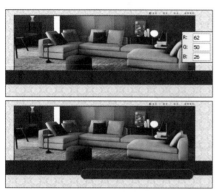

步骤 03 新建图层，选择渐变工具■，然后在属性栏中单击渐变色块，在弹出的"渐变编辑器"面板中设置渐变颜色，然后在选区中绘制线性渐变填充效果，如下图所示。

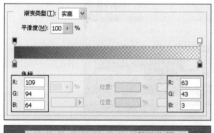

步骤 05 调整上一步创建图层的混合模式为"叠加"，并为其添加图层蒙版，在蒙版选区中绘制黑色到白色的线性渐变，如下图所示。

步骤 02 使用矩形选框工具■绘制选区，如下图所示。

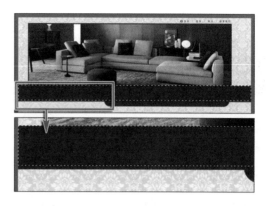

步骤 04 创建与前面相同的矩形选区，为其创建图案填充效果，如下图所示。

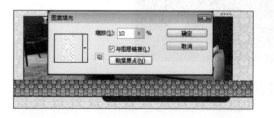

步骤 06 使用横排文字工具■创建文字信息，如下图所示。

步骤 07 继续添加文字信息，如下图所示。

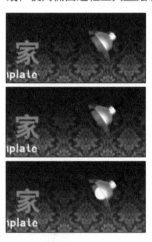

步骤 09 继续添加文字内容，然后在"组 2"中新建图层组并命名为"灯"。打开实例文件\15\灯罩.jpg 文件，使用快速选择工具去除白色背景，然后将其拖至当前正在编辑的文档中，使用画笔工具绘制灯线，使用椭圆选框工具绘制灯泡，如下图所示。

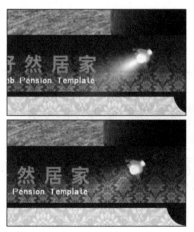

步骤 11 旋转并移动上一步创建图像的位置，调整图层混合模式为"叠加"，创建出光照效果，如下图所示。

步骤 08 双击上一步文字图层名称的空白处，为该图层添加投影图层样式，如下图所示。

步骤 10 新建图层，使用白色柔边缘画笔工具在视图中绘制一点，然后使用快捷键 Ctrl+T 打开图像变换框，按 Ctrl+Shift+Alt 键变换图像，如下图所示。

步骤 12 复制"灯"图层组，水平翻转图层组中的图像，效果如下图所示。

15.2.5 制作网站模块

步骤 01 新建"组 3"图层组，使用矩形工具▣绘制矩形形状，如下图所示。

步骤 02 使用横排文字工具▣创建文字信息，如下图所示。

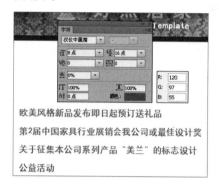

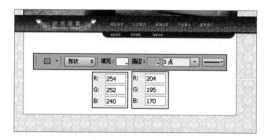

步骤 03 使用矩形工具▣绘制正方形标注，效果如下图所示。

步骤 04 打开实例文件 \15\02.jpg 文件，将其拖至当前正在编辑的文档中，缩小并调整图像的位置，然后使用矩形选框工具▣绘制选区，并删除选区以外的图像，如下图所示。

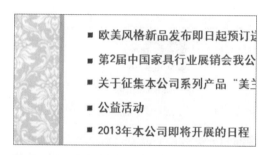

步骤 05 使用矩形工具▣绘制一个矩形形状，如下图所示。

步骤 06 打开实例文件 \15\03.jpg 文件，将其拖至当前正在编辑的文档中，缩小并调整图像的位置，使用矩形选框工具▣绘制选区，并删除选区以外的图像。

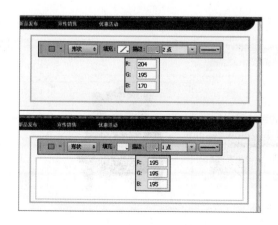

步骤 07 使用矩形工具 🔲 绘制矩形形状，效果如下图所示。

步骤 08 使用横排文字工具 🔲 添加文字信息，效果如下图所示。

步骤 09 打开实例文件 \15\ 代金券纹理 .jpg 文件，将其拖至当前正在编辑的文档中，缩小并调整图像的位置，然后添加文字信息，如下图所示。

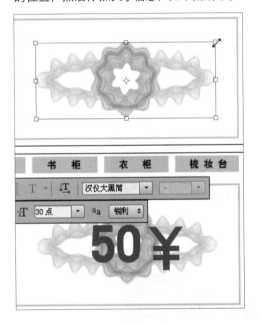

步骤 10 在"字符"面板中编辑部分文字信息，如下图所示。使用横排文字工具 🔲 添加如下图所示的文字信息。

步骤 11 打开实例文件 \15\04.jpg 文件，将其拖至当前正在编辑的文档中，缩小并调整图像的位置，使用矩形选框工具 🔲 绘制选区，删除选区以外的图像，如下图所示。

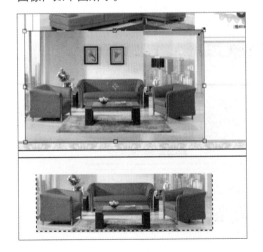

步骤 12 打开实例文件 \15\05.jpg 文件，将其拖至当前正在编辑的文档中，使用快速选择工具 🔲 去除白色背景，将其拖至当前正在编辑的文档中，缩小并调整图像的位置，如下图所示。

步骤 13 复制并缩小上一步添加的素材图像，选择圆角矩形工具▣，设置"半径"为 20 像素，在视图中绘制圆角矩形，如下图所示。

步骤 14 使用竖排文字工具▢，添加文字信息，如下图所示。

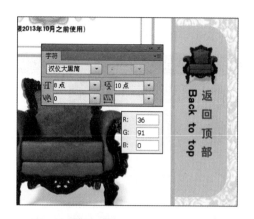

步骤 15 继续绘制圆角矩形并添加文字信息，继续在页面中添加文字信息，如下图所示。

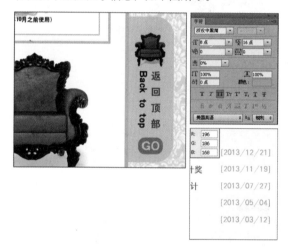

步骤 16 使用直线工具☑绘制虚线，如下图所示。

步骤 17 使用横排文字工具▣添加文字信息，效果如下图所示。在编辑区中再添加如下图所示的文字信息。

步骤 18 至此，完成本实例的制作，如下图所示。

15.3 拓展练习

本章立足于网站这个课题，分别对网站的组成元素、网页设计的原则、对网页进行切片输出等相关知识进行了总结性概述。让读者对网站页面设计有一个总体的了解和认识。下面将通过一些练习案例来巩固和温习本章所学习的知识内容。

制作公司网站

原始文件：无

最终效果：实例文件\15\拓展\1\公司网站.psd

设计难度：高级

制作公益网站

原始文件：无

最终效果：实例文件\15\拓展\2\公益网站.psd

设计难度：高级

制作电子商务网站

原始文件：无

最终效果：实例文件\15\拓展\3\电子商务网站.psd

设计难度：高级

制作电脑网站

原始文件：无

最终效果：实例文件\15\拓展\4\电脑网站.psd

设计难度：高级

中文版Photoshop CS6艺术设计实训案例教程

附录 课后习题参考答案

Chapter 01

1. 选择题

(1)D　(2)A　(3)C　(4)C　(5)A

2. 填空题

(1)菜单栏、工具箱
(2)单位面积的像素
(3)图像的比例
(4)标准屏幕模式
(5)放大、缩小

Chapter 02

1. 选择题

(1)A　(2)A　(3)D　(4)A　(5)B

2. 填空题

(1)矩形选框工具、单行选框工具
(2)线段
(3)平滑度
(4)规则或不规则

Chapter 03

1. 选择题

(1)A　(2)B　(3)C　(4)B

2. 填空题

(1)文本图层、形状图层
(2)对齐排列
(3)隐藏的图像
(4)不透明度、透明效果

Chapter 04

1. 选择题

(1)C　(2)B　(3)C　(4)D

2. 填空题

(1)直排文字工具、直排文字蒙版工具
(2)文字图层
(3)对齐方式、缩进方式
(4)普通图层
(5)路径

Chapter 05

1. 选择题

(1)C　(2)C　(3)C　(4)C

2. 填空题

(1)自动对比度

(2)亮度、对比度
(3)色彩平衡、复合颜色通道
(4)对比度、饱和度
(5)亮度值

Chapter 06

1. 选择题

(1)A　(2)B　(3)D　(4)A

2. 填空题

(1)透明色
(2)相同或相近
(3)加深工具
(4)饱和度、饱和度
(5)纹理、阴影

Chapter 07

1. 选择题

(1)C　(2)A　(3)B　(4)D

2. 填空题

(1)颜色、选区信息
(2)颜色通道、Alpha通道
(3)颜色模式
(4)路径
(5)Alt

Chapter 08

1. 选择题

(1)A　(2)D　(3)A　(4)A　(5)C

2. 填空题

(1)编辑的、可见的
(2)液体
(3)对比度
(4)素描滤镜组

Chapter 09

1. 选择题

(1)C　(2)B　(3)A　(4)A

2. 填空题

(1)动作
(2)双击
(3)色彩像素、全景图
(4)裁剪并修齐照片